U0123776

高情商的人都自带光芒

你的情商，决定你的人生高度

孔睿欣——著

台海出版社

图书在版编目（CIP）数据

高情商的人都自带光芒 / 孔睿欣著. -- 北京 : 台海出版社, 2022.5

ISBN 978-7-5168-3252-3

Ⅰ. ①高… Ⅱ. ①孔… Ⅲ. ①情商－通俗读物 Ⅳ. ①B842.6-49

中国版本图书馆CIP数据核字(2022)第048471号

高情商的人都自带光芒

著　　者：孔睿欣

出 版 人：蔡　旭　　　　封面设计：李爱雪

责任编辑：姚红梅

出版发行：台海出版社

地　　址：北京市东城区景山东街20号　邮政编码：100009

电　　话：010－64041652（发行，邮购）

传　　真：010－84045799（总编室）

网　　址：www.taimeng.org.cn/thcbs/default.htm

E － mail：thcbs@126.com

经　　销：全国各地新华书店

印　　刷：固安县保利达印务有限公司

本书如有破损、缺页、装订错误，请与本社联系调换

开　　本：710毫米×960毫米　1/16

字　　数：110千字　　印　　张：13

版　　次：2022年5月第1版　　印　　次：2022年5月第1次印刷

书　　号：ISBN 978-7-5168-3252-3

定　　价：49.00元

序言
preface

最近看到一句话：智商决定你的起点，情商决定你的终点。

在工作与生活中，高情商的人总是更容易获得成功和幸福：他们也许长得并不漂亮，也许没有耀眼的身份、地位，但是他们总是有很多朋友，在任何场合都如鱼得水，走到哪里都散发着光芒，无论何时都很受欢迎，就像“万人迷”一样让人想要与他们交流。

我的一位朋友 A 就是如此。

在我的朋友圈中，A 不是最漂亮的、不是最温柔的、不是能力最强的，但却是最让人喜欢的。她的情商非常高，一开口就让人如沐春风，相处起来格外舒服，很多第一次接触她的人都会跟我说：你这个朋友人真好！

A 的事业顺风顺水。她曾告诉我，她参加工作后不到 4 年就当上了中层主管，还为企业吸引了数千万海外注资，赢得了大家的信任，得到了领导的器重。她笑着说，自己运气好，在工作中总遇到贵人。其实我知道，是她的高情商把身边人都变成了贵人。

生活中，A 也是一个幸福的女人。她结婚 8 年了，和丈夫的感情一直非常好，两个人打起电话来简直跟小情侣一样甜腻；我们从来没有听到过她抱怨公婆，反而经常听她说，公婆如何心疼她、体谅她，主动帮她照顾孩子和家务。

就这样，A 把自己活成了所有女人都羡慕的样子——谁不希望自己也能成为事业、婚姻中的赢家呢?

高情商的人，不仅仅是“会说话、让别人愉快”这么简单，更在于懂得情绪控制之道和处世之道，将事业与家庭、自我与他人以及各种社会关系处理得游刃有余，让高情商成为一种幸福力。

所以，如果你朋友很少，总是控制不住自己的情绪，经常说错话，总是很敏感，容易被伤害……你就应该认真学习情商这门课了。美国心理专家丹尼尔・戈尔曼就指出：一个人的成功与他的智商水平有很大的关系，但更为重要的是情商水平。他通过对全美前五百大企业员工所做的调查发现：不论产业类别是什么，对于工作成就而言，情商对一个人的影响比智商大得多。

情商有三层境界：第一层，懂得控制情绪，会和自己相处；第二层，懂得照顾他人情绪，会和他人相处；第三层，与他人共情，会和群体相处。大家可以对照看看，自己在哪一个层次。不过，即使你还未达到，也不用过于担心，因为情商是可以通过后天的努力逐步提高的。

当提高了自己的情商后，你会发现：不仅工作做起来更加得心应手，在处理人际关系时也更加如鱼得水，生活中的乐趣似乎也越来越多。总之，自己的生活、家庭、事业都在逐步上升。

也许听到这里，你还是不太明白，自己是属于高情商还是低情商的人、情商低具体有哪些表现以及应该如何提高自己的情商。

别着急，打开这本书，你想要的答案就在书里。希望你读完本书后，能够有所收获。只要你肯努力，也一定能提高自己的情商水平，成为一个自带光芒的“万人迷”！

目录

contents

第六章　情商障碍（五）：不会为人处世

第七章　高情商的修炼与表达

第一章

情商决定人生高度

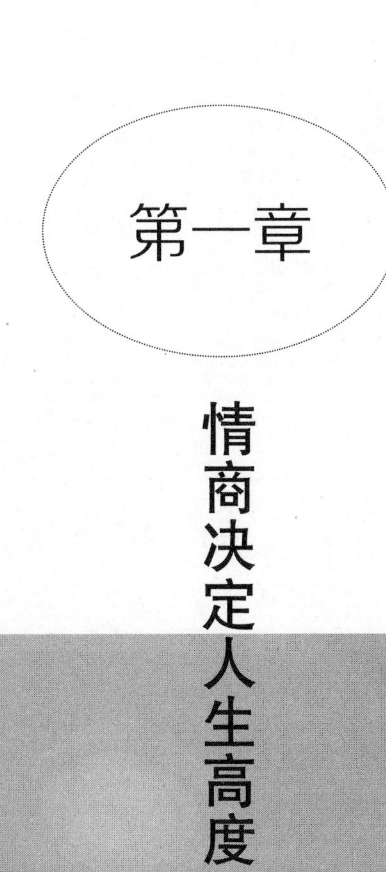

1. 对人生来说，智商重要还是情商重要

心理学研究发现，情商受遗传的影响很小，只要后天用心学习，每个人都能成为高情商的人，让自己的人生更幸福、更成功。

智商决定我们前进的速度，而情商决定我们前进的长度。智商固然重要，聪明是每个人梦寐以求的天赋。然而，我们身处由人际关系构成的社会中，每天与人打交道的时间远远大于独处的时间，如果无法灵活舒适地与人相处，就会造成许多不便和不适，因此情商就尤为重要。在社会分工越来越细、团队协作越来越多的今天，我们最不可或缺的就是情商。

智商和情商，这两个词在生活中常常被我们提到。一个人聪明、成绩好，我们会说他智商高。一个人人缘好，到哪里都受人欢迎，我们会说他情商高。然而，这只是对智商与情商最简单的概括。

智商和情商，在我们的人生路上到底起着怎样的作用？或者说，智商和情商哪个更重要呢？

一些研究认为，智商在一个人的成功中所起的作用仅占 20%，而情商所起的作用占到 80%。当然，在实际生活中，成功者通常都是将情商与智商完美结合的人。

习惯使然，很多人觉得如果一个人的智商高，相应地，他的情商也会高。然而，实际情况并非如此。

日常生活中，我们也经常能看到一些在学习上极具天赋，但进入新的环境或工作岗位后很难融入的大学生。他们中的一些人与他人相处得并不融洽，总是发生这样那样的小摩擦，各种小事件、小情绪持续发酵，不良情绪一直累积，让自己感觉十分痛苦。其中的少部分人过惯了天之骄子的生活，离开了光环的笼罩，一时间难以接受其中的落差，意志薄弱者离职离家，更有甚者会因一时想不开而轻易结束自己的生命。这一切并不是危言耸听。

2014 年 1 月 17 日，宾夕法尼亚大学 19 岁的大一新生麦迪逊·霍勒伦从费城停车场跳下自杀。在留给父母的遗书中她写道，自己之所以自杀是因为“我好像不再认识我自己了……我从没感到如此沮丧”。

人们不免疑惑：为什么曾被贴上“优秀”标签、智商过人的天之骄子会如此轻易放弃自己的生命?

经过调查，我们发现：轻生的学生均不同程度地认为自己遭遇了人生中无法度过的重大挫折，如就业难、学习上无法更进一步、感情失意、经济压力、人际关系出现问题等。

表面上看，因挫折而导致的无法符合自己期望值的失落感和心理落差是大学生自杀的“导火索”，而实际上，低情商才是杀死这些学生的“罪魁祸首”，对此，智商是无能为力的。

情商高的人不仅不做悲观情绪的奴隶，反而能够转化自己的情绪，改变别人的情绪。就一般意义而言，情绪控制人的时间远远多于理智控制人的时间，所以前文所说的，成功与否 80% 取决于情商，我想是有一定道理的。

我们知道，很多高科技公司里总是保留一些解决难题的顶尖高手，这些人通常的头衔是“咨询工程师”，一旦工程项目出现麻烦，可随时调遣他们。他们在公司里备受重视，企业的年度报告都将他们归入公司管理层。那么，是什么使这些技术尖子如此特殊呢？

波士顿银行的咨询顾问苏珊·埃利斯说：“在这些公司工作的每个人几乎都是聪明绝顶的，使这些技术尖子与众不同的不是智力，而是情感能力，是他们善于倾听别人的意见、善于合作并能调动人们的积极性，振臂一呼，应者云集，能领导大家齐心协力工作的能力。”

当然，我们也不能否认这种情况，尽管有些人的情商不高，依然能够跻身栋梁之列。这也是长期以来各公司的现实状况。但是，随着职业分工的不断细化，未来的工作将更强调灵活性、团队精神及准确的顾客定向。因此，对于个人来说，无论做哪一种工作，无论在世界何地，要想在工作中做出优秀的成绩，情商显得越来越重要。

戴尔·卡耐基在《如何赢得朋友与影响他人》中，写道：

查尔斯·施瓦布是美国企业中第一个拿到超过百万年薪的人（当时没有所得税，一个人周薪 50 美元就已经是高薪了）。在 1921 年新成立的美国钢铁公司里，他被安德鲁·卡内基任命为新主席，当时的施瓦布只有 38 岁（施瓦布后来离开美国钢铁公司接管当时陷入困境的伯利恒钢铁公司，并使之成为美国最赚钱的公司之一）。

为什么施瓦布会有这样的成就？是因为他智商超人是个天才？事实上，施瓦布从未表现出异于常人的超高智商。难道是因为他比别人更了解钢铁的操作？也不尽然。施瓦布自己就曾说过，比他懂得钢铁操作的人比比皆是，就比如说他手底下的工人，他们其中的大部分人对钢铁都有一套自己的独特见解。

施瓦布解释说，自己之所以能成功，是因为自己有能力与人沟通。他说："我认为我的能力是振奋、激励周围的人。我能够帮助一个人成长、发展，而激励他最好的方式是感谢和鼓励他。"

其实，施瓦布所说的这种能力就是情商。科学家们已经证实，情商对于一个人能否获得成功起着决定性作用。经调查发现，只有当情商、智商兼备时，智商才能得到淋漓尽致的发挥。在诸多领域卓有成就的人当中，有相当一部分人，在学校里智商并不太高，但他们充分地发挥了情商的作用，最后依然获得了成功。

情商较高的人在人生各个领域都占尽优势，无论是谈恋爱、人际关系，还是在主宰个人命运等方面。

此外，情商高的人生活更有效率，更容易获得满足，更能运用自己的能力获取丰硕的成果。反之，情商低的人，不仅不能驾驭自己的情感，内心还会经常发生激烈的冲突，这就削弱了他们本应集中于工作的实际能力和思考能力。也就是说，情商的高低可决定一个人其他能力（包括智力）能否发挥到极致，从而决定他有多大的成就。

情商高的人，其成功的概率也会比较大。

情商不仅是一种洞察人生价值、揭示人生目标的悟性，更是一种克服内心矛盾冲突、协调人际关系的生活智慧。与智商不同的是，情商并无明显的先天差别，更多的是与后天的培养息息相关。可惜的是，在很长一段时间里，家长与社会环境都过于强调开发孩子的智力，唯名校论、唯分数论的论调让很多人都忽视了对孩子情商的培养，而社会上也没有开设专门的学校或是课程来培养孩子的情商。生理上的成熟也许不需要通过教科书便可水到渠成，然而心智的成熟却需要特殊的指导和磨炼。如果缺乏必要的指导，那些磨炼也可能变成打击，而起到反作用，不仅不能提高一个人的成熟程度，还会给其带来痛苦和麻烦。

智商在很大程度上取决于先天的遗传因素，而情商是可以在后天修炼的。事实上，练就高情商并不容易，因为你要时刻拥有清醒的和正确的“自我认知”，拥有“自醒”的能力，在人际交往中可以快速地“识别情绪”，面对悲伤和困难知道要如何整理情绪。但是，不容易不等于不可能，培养情商就像练内功，是一个持久累积、缓慢爆发的过程，并且不着痕迹。只要你肯下意识地去培养它，那么日积月累，你也可以成为一个情商高手，也可以获得你想要的成功。

2. 不要做高智商、低情商的人

智商高是优势，但智商高不能帮你解决所有问题。有时，因为智商高而过于自负反而会给自己铸上枷锁，把自己置于“高智商”的囚笼中。毕竟，在人世间生活的我们都不是单打独斗的。只有跳出自我的智商束缚，多看看他人，努力与人共处，才能让智商发挥应有的作用，而不是成为困住自己的牢笼。

看过电视剧《生活大爆炸》的人都知道，主角之一谢尔顿是一位高智商的天才，但是这位天才情商很低，我行我素，还有种种怪癖，引发了很多笑话，也让他成了研究所里出名的“怪咖”。

天才是高智商的又一代名词，然而一提到天才，很多人都觉得这类型的人是可望而不可即的，就像谢尔顿一样，性格古怪，不好相处，总之，不那么“接地气”。

的确，生活中总有这样一类人，他们领悟力强、学东西快、记忆力好，在别人还头悬梁锥刺股地拼命苦读时，他们早已轻轻松松取得让人羡慕的成绩，人们说起他们时往往会用两个字形容：聪明。

然而，你还会发现一个奇怪的现象，就是这些所谓聪明的人离开学校进入职场后，并不都是那么优秀；相反，他们中有些人并不被人喜欢，还可能在工作和生活中四处碰壁，受尽打击。

熊晨是从小被老师和家长夸着长大的孩子，相熟的人都知道这孩子智商很高，是众人眼中的天才。因为数学成绩突出，同龄人还在读高一的时候，一再跳级的熊晨就参加了高考，并以高出分数线近 200 分的分数被重点大学录取。身边的人都为熊晨高兴，他的父母更是兴奋不已，但熊晨自己却没那么高兴，甚至心底还暗暗害怕。

因为熊晨知道，虽然他聪明、智商高，但自理能力非常差：每天吃的、穿的、用的都是妈妈事先给准备好，不然自己都不知该怎么出门；上学也一直都是父母接来送去。除了学习，他跟同学几乎找不到共同话题，他不愿意跟同学交流，只有学习让他感到最快乐，但是一想到上大学要住宿舍，要跟那么多人相处，每天还要自己出门穿衣吃饭，熊晨就感到心慌。

因为了解自己孩子的状况，最后，熊晨的妈妈决定辞职去陪读，在大学校外租了房子，每天帮熊晨洗衣做饭。尽管这样，大学与中学迥然不同的环境还是让熊晨很不适应，因为大学生活不再仅仅以学习为主，而他除了学习什么都不会，更不知道该怎么和别人相处。时间长了，熊晨觉得自己与这里的一切都格格不入，有种被孤立的感觉。这种苦闷的心情积攒久了，熊晨开始出现失眠、头疼等症状，甚至连课也上不了，熊晨的妈妈陪他去医院检查后才知道他患上了抑郁症。

当然，并非所有的高智商人都难相处，也不是所有的天才都是谢尔顿或熊晨。如果把高智商与低情商直接画上等号，显然是偏执的，也是不公平的。但是，不管怎样，有些高智商人士无法很好地融入环境却是不争的事实。

加利福尼亚大学的心理学家曾做过一个关于智商和情商的测试，

最后总结出高智商和低情商兼具人士的几个普遍特点：

第一，喜欢批评他人，过分讲究逻辑和用词。

第二，不爱讲话，给人冰冷无情的印象。

第三，性格比较内向，容易焦虑，凡事想得过多，过于追求完美。

第四，常常不顾及他人的内心感受，说一些伤人的话。

正是这些特点使得他们在生活中常常不受欢迎。独自一人可以完成的工作还没什么问题，因为只要找到他们喜欢并擅长的事情，他们就能沉浸其中，尽管孤独，但他们并不会感到寂寞。但是，如果从事需要与别人协作的工作，他们不仅不受欢迎甚至还会成为别人讨厌的对象。这是为什么呢?

社会认知神经科学创始人马修·利伯曼对此做出的解释是：支持社会思考的神经网络与支持非社会思考的神经网络通常是互相矛盾的。

马修·利伯曼认为，与支持社会思考的神经网络相关联的部分位于大脑外侧，而支持非社会思考的那一部分位于大脑内侧。通常情况下，当支持社会思考的神经网络打开（活跃）时，支持非社会思考的神经网络就会关闭（安静），反之亦然。而高智商、低情商的人就是因为支持非社会思考的神经网络长期活跃，致使他们社会化的程度较低，所以呈现出不善与人相处的样子。

尽管这一理论的正确性有待商榷，但我们却可以从中体会到一些可以借鉴的意义：因为我们的大脑是有平衡功能的，所以可以通过有意识地锻炼自己欠缺的那一面来提高自己。比如，如果你智商很高却一直处理不好人际关系，那么，不妨多把时间分配在社交活动上，进一步激活你支持社会思考的神经网络，多给它一些锻炼的机会，假以时日，你就会发现自己的社交能力有了很大的提高。

总的来说，高智商是一种综合能力的表现，具体表现在反应迅速、记忆力强、思维敏捷、口齿伶俐等方面。

从很多事例我们可以看出，拥有高智商并不一定是很幸福的事情。

调查发现，那些智商高的人，之所以在职场上不受欢迎，往往就是因为他们不能很好地和周围人打成一片。

他们觉得自己能力很强，除了他们自己，别人都可以忽略不计。他们普遍表现出情商很低的特征。比如：他们不会真诚友好地对他人微笑、不会说一些适合场景的话。

就拿下面的故事来说吧。

阮阮最近入职了新公司，坐在她旁边的同事叫金姐，阮阮刚入职时，金姐主动教阮阮做流程，并且传授了一些工作技巧，两人因此很快亲近起来。

但是最近阮阮却跟金姐有点疏远了，原因是金姐有时候说话真的很伤人。有一次，阮阮去财务交支出凭单，但是被财务指出备注中的费用明细漏写了一项，阮阮连忙道歉，想要把凭单拿回去重新填写。这时正在一边交报销发票的金姐却大声地把阮阮数落了一通：“入职新公司要好好表现啊，你就这么干工作的？哎呀，幸亏只是让你填个支出凭单，这要是做合同，你得闯多大祸啊！你这工作能力不行啊。”当着几个财务同事的面，阮阮觉得脸上火辣辣的，眼泪差点落下来。还有一次，午休时阮阮在茶水间跟几个女同事讨论化妆品，几个人聊得很开心。金姐凑过来听了一会儿，突然笑了一声说：“阮阮，上次咱们聚餐，接你的是你男朋友吗？看着很小啊，你可得好好研究一下护肤知识了，现在你看着就比人家老了。”阮阮脸色一下子变了，周围几个女同事打了几句圆场，然后就尴尬地走开了。

在公司工作时间长了，阮阮才知道，金姐是公司的老员工了，专业能力很强，公司的一些专业性事务都是她在处理，但是因为在公司人缘很差，不能跟同事愉快相处，所以到现在还只是个普通员工。

智商高只能说明这个人思维能力很强，但并不代表这样的人就会被别人喜欢。

在社会上生存，不仅需要会做事，更要会做人。你只有说话得体、办事得当，才能让人喜欢。这样，你的工作才会顺畅，生活也会过得开心。

进入一个单位，能不能让人喜欢，能不能与他人友好相处，能不能把工作做到最好，将会是对你的智商和情商的双重考验。

3. 凭什么让人喜欢你

每个人都有困窘、尴尬的时候，这时如果有情商高的人在场，他会轻易地化解，让气氛重新变得轻松、愉快。每个人都喜欢和情商高的人相处，正是因为有他们在，永远都不用担心关系紧张、局面糟糕；有他们在，别人总是能够开心自如。

通常来说，情商高的人在生活中都能够保持一种平和的心态。不管面对多么恶劣的环境，他们都能应付自如；他们能和许多人保持友好的关系，在人际交往中如鱼得水，被很多人喜欢。

在一趟长途火车上，因为已经过了凌晨1点，很多乘客都已经进入梦乡，车厢里静悄悄的。这时，一个不到6岁的小孩突然哭了起来，把所有乘客都惊醒了。

孩子的妈妈对着乘客们不好意思地笑了下，说："对不起，打扰大家休息了。"然后又温柔地看了一下自己的小孩，对他说："宝贝，你看叔叔阿姨都在睡觉，我们小声些可以吗？"

小孩听后渐渐安静下来，没有再继续哭泣。安抚好孩子后，孩子妈妈又再次向大家道歉，而周围的乘客也纷纷表示理解，安慰她说小孩子哭闹很正常，不要太在意。

同样的情况发生在临近的车厢里却有了不同的版本，同样是孩子哭闹，吵醒了周围正在睡觉的乘客，孩子的妈妈哄了几声后不见效，眼看着附近有乘客已经露出不耐烦的表情，孩子妈妈急了，照着孩子屁股就是几巴掌，边打边骂："大半夜的，你不睡觉哭什么哭，别人都烦你了知不知道！"这话一出，孩子哭得更大声了，周围乘客的脸色也更难看了。

面对同样的尴尬处境，显然第一个妈妈才是高情商的代表。在遇到难堪的局面时，她首先考虑到的是其他乘客，先向乘客们道歉；之后再用温柔又引人思考的方式让孩子学会不给他人添麻烦；孩子停止哭闹后，再三对周围乘客表达歉意。这样设身处地为别人着想的做法，赢得了周围乘客的理解，所以大家不仅没生气，反而来安慰她。

是的，情商高的人总是能够说得体的话，做暖心的事，让人接触起来感到舒服。他们在生活和工作中能够和别人坦诚相对，用友好的方式表达自己的看法，但同时也会理性地分析，并勇于承认错误和承担责任。

情商高的人能够轻松识别他人的情绪，体察别人的情绪。他们有着很好的自我情绪管理能力，无论什么时候，都会保持健康向上的状态，给人善解人意、开朗幽默的形象，让人觉得和他们相处起来没有压力，无比放松，亲切又自然。这就是情商高的人更容易被人喜欢的原因。

与之形成鲜明对比的是情商低的人，他们说话做事总是以自我为中心，凡事都从自己的角度出发，不懂得控制自己的情绪，说话做事随意，有时候惹恼了别人自己还不知道。

就像上面第二个例子中的妈妈一样，且不说教育孩子的方式欠妥当，说话的方式很明显也是以自己利益为出发点的——不考虑孩子的哭闹为别人带来的麻烦，而是先发制人地阐述别人对自己产生的影响，所以，周围乘客的脸色才会更难看。

在生活中，情商低的人常常是大家避之唯恐不及的，因为没有人喜欢跟会给自己带来负面情绪的人相处。所以，要想有好人缘，要想让别人喜欢你，你就要多在提高情商上下功夫。

4. 情商高的人更容易获得成功

情商高不仅能够使你的生活更愉悦，更能成为你在职场和事业上的助力。当工作能力相差无几的时候，最能影响结果的便是你的情商以及社交能力。因此，很多时候，事情成败的关键往往在于你用点滴小事积累的平时印象，而这些都依仗情商。

运用“情商”原理透视成功的话题有很多，现实生活中高情商的人取得辉煌业绩的故事同样不胜枚举。我们甚至可以说，智商低一点的人，如果拥有更高的情商指数，也完全可以获得成功。电影《阿甘正传》中的男主角阿甘就是一个很好的例子。

阿甘，虽然智商低于正常值20多分，但可以肯定的是，他的“情商”比别人的情商高出许多。阿甘遭受挫折和失恋后总是自言自语：“妈妈告诉我，人生……”然后很快就能振作起来重新迎接生活，这就是情绪控制的力量。在捕虾船上，面对一次次捕捞上来的废弃杂物，面对惊涛骇浪、暴风骤雨，阿甘没有丝毫的泄气。也许你会说他傻得不知道什么叫作“成功”，或者说他傻得不知道这叫“失败”，如果你这样想，讨论成功也就没有意义了。关键在于阿甘把困难当作巧克力中较苦的味道，他相信会有甜的味道等着他。因为我们不知道未来会怎样，能做的只有专心做好现在。令人尤为感动的是，阿甘的精神感染了颓废的上尉，使他昂起头体味美好的生活。这种“移情能力”恰恰是情绪智力上的高妙境界。

现代社会是高速发展的社会，快节奏的生活、高频率的工作负荷、复杂的人际关系、越来越激烈的竞争使人们普遍感到压力很大，再加上无法预测的天灾人祸，每个人应付起来并不都能得心应手，所以，需要高情商来帮我们适应这样的社会，学会自我管理、自我调节，以便让自己应对自如。

20 世纪 70 年代中期，美国某保险公司曾雇用了 5000 名推销员，并对他们进行了职业培训，每名推销员的培训费用高达 3 万美元。谁知雇用后的第一年，就有一半人辞职，4 年后这批人只剩下不到五分之一，原因是，在推销保险的过程中，推销员要一次又一次地面对被拒之门外的窘境，许多人在遭受多次拒绝后，便失去了继续从事这项工作的耐心和勇气。那些善于将每一次拒绝都当作挑战而不是挫折的人，是否更有可能成为成功的推销员呢？于是，该公司向宾夕法尼亚大学心理学教授马丁・塞利格曼讨教，希望他能为公司的招聘工作提供一些理论上的帮助。塞利格曼教授是以提出“成功中乐观情绪的重要性”理论而闻名的，他认为：当乐观主义者失败时，会将失败归结于某些他们可以改变的事情，而不是某些固定的、他们无法克服的困难。因此，他们会努力改变现状，争取成功。接受该保险公司的邀请之后，塞利格曼对 1500 名新员工进行了两次测试：一次是该公司常规的以智商测验为主的甄别测试；一次是塞利格曼自己设计的，用于测试被测者的乐观程度。之后，塞利格曼对这些新员工进行了跟踪研究。在这些新员工当中，有一组人没有通过甄别测试，但在乐观测试中，他们却取得“超级乐观主义者”的成绩。跟踪研究的结果表明，在所有新员工中，这一组新员工工作任务完成得最好。第一年，他们的推销业绩比“一般悲观主义者”高出 21%，第二年高出 57%。从此，塞利格曼的“乐观测试”便成了该公司录用推销员的一道必不可少的程序。

“乐观测试”实际上就是“情商”测验的一个雏形，它在保险公司中取得的成功在一定程度上直接证明：与情绪有关的个人素质在预测一类人能否成功中起着重要作用。

新泽西州被誉为“聪明工程师思想库”的贝尔实验室的一位负责人，曾经用情感智商的有关理论对他的职员进行分析。结果他发现，那些工作绩效好的员工，的确不都是具有高智商的人，而是那些情绪传递得到回应的人。这表明，与社会交往能力差、性格孤僻的高智商者相比，那些能够敏锐了解他人情绪、善于控制自己情绪的人，更可能得到所需要的工作，也更可能取得成功。另外一个例子是，美国创造性领导研究中心的大卫·坎普尔及其同事，在研究“昙花一现的主管人员”时发现，这些人之所以失败，并不是因为技术上的无能，而是因为控制情绪的能力差，导致人际关系陷入困境而最终失败的。正是因为在企业界的成功应用，情感智商声名大振，并开始引起新闻媒介的浓厚兴趣。情商为人们开辟了一条事业成功的新途径，使人们摆脱了过去只讲智商所造成的无可奈何的宿命论态度。因为智商的后天可塑性是极小的，而情商的后天可塑性是很高的，个人完全可以通过自身的努力成为一个情商高手，到达成功的彼岸。

10 年前的莫奈，就是千千万万普通人当中的一个。

那时的莫奈还只是一个汽车修理工，当时的处境离他的理想差得很远。一次，他在报纸上看到一则招聘广告，休斯敦一家飞机制造公司正向全美广纳贤才。他决定前去一试，希望幸运会降临到自己的头上。当他到达休斯顿时已是晚上，面试就在第二天。吃过晚饭，莫奈独自坐在旅馆的房间中陷入了沉思。他想了很多，自己多年的经历历历在目，一种莫名的惆怅涌上心头：我并不是一个低智商的人，为什么我老是这么没有出息？他取出纸笔，记下几位认识多年的朋友的名字，其中两位曾是他以前的邻居，他们已经搬到高级住宅区去了，另外两位是他以前的同学。他扪心自问，和这四个人相比，自己除了工作比他们差以外，似乎没有什么地方不如他们。论聪明才智，他们实在不比自己强。最后他发现，和这些人相比，自己缺乏一个特别的成功条件，那就是性格、情绪经常对自己产生不良影响。钟声已敲了三下，已是凌晨 3 点钟。但是，莫奈的思绪却出奇的清晰。他第一次看清了自己的缺点，发现了自己过去很多时候不能控制的情绪，比如爱冲动、遇事从不冷静，甚至有些自卑，不能与更多的人交流，等等。整个晚上他就坐在那儿检讨，过去他总认为自己无法成功，却从不想办法去改变性格上的弱点。同时他发现，自己一直在自贬身价，从过去所做的每一件事就可以看出，自己几乎成了失落、忧虑而又无奈的代名词。于是，莫奈痛定思痛，做出一个令自己都很吃惊的决定：从今往后，绝不允许自己再有不如别人的想法，一定要控制自己的情绪，全面改善自己的性格，塑造一个全新的自我。

第二天早晨，莫奈一身轻松，像换了一个人似的，他怀着新增的自信前去面试，很快就顺利地被录用了。莫奈心里很清楚，他之所以能得到这份工作，就是因为自己的醒悟，因为他对自己有了一份坚定的自信。

两年后，莫奈在所属的组织和行业内建立起了名声，人人都知道他是一个乐观、机智、主动关心别人的人。他不断地得到升迁，成为公司所倚重的人物。即使在经济不景气时期，他仍是同行中少数可以接到生意的人。几年后，公司重组，还分给了莫奈可观的股份。

这就是情绪转变的力量，也是情商的力量。情商的提高是一个长期培养而非一蹴而就的过程，但不管怎样，关键在于我们要意识到情商的重要性，并从现在开始注重对自身情绪的了解和控制；学会保持乐观、开朗的心态；学习与人融洽共处的技能。假以时日，你也能成为一个高情商的人。

第二章

情商障碍（二）：不分场合乱说话

1. 不留情面地当众指责

谁都不喜欢被当众指责。有时候，情绪一时没控制住，难免语出伤人，但是“良言一句三冬暖，恶语伤人六月寒”，我们想要提高情商，就要尽量避免让暴躁和愤怒等情绪冲昏头脑，甚至口不择言。另外，有些话，你可能是出于好意想要提醒对方，但也要注意方式、方法，不然，很有可能好心办坏事，对方不领情，还认为是你吹毛求疵、待人刻薄。

每个人都希望自己在生活中是个会说话、会做事且让人挑不出毛病的人，也就是人们口中所说的情商高的人。可是，生活中偏偏有些人总是喜欢当面指责他人，让人下不来台，不管是出于什么目的，这样的人显然是不受欢迎的。

王霏今年 42 岁，是公司的老员工了，但是她在公司的人缘却并不太好，几个相熟的人知道她这个人好管点闲事，对人没有恶意，但那些对她不熟悉的人却常常对其一些做法感到恼火，甚至认为她是故意针对自己。

年初，公司里来了几个刚毕业的实习生，初入职场，这几个实习生难免有很多不适应的地方，好在公司里的老员工对他们都比较包容，很多时候，即使他们做得不对，也都会委婉地指出来。王霏对这些职场新人也很照顾，只是她常常不分场合直接指出别人的问题，这种做法有些让人难以接受：早上上班时，大家都挤在电梯里，王霏就直接指着小晴说你的裙子太短了，身为前台代表着公司门面，更不能违反着装规定，结果整个电梯里的人都看着小晴，弄得她尴尬不已；在例会上，王霏当着领导的面批评小张，说他的报告写得龙飞凤舞，让人看得眼晕，还说现在虽然都在提倡无纸化办公，但是工整的字迹是一个行政人员应该具备的基本素质；下午茶时间，王霏当着同事的面抱怨小田给大家买回的咖啡总是温的，还对小田说，后勤不是这么做的，该多跟小韩学学，不然恐怕试用期都过不了就得走人……

时间长了，几个实习生都对王霏意见很大，几个人私下里议论自己是不是得罪过王霏，或者说她就是故意欺负新人，否则怎么这么喜欢找实习生的碴儿。一来二去，老同事也知道了实习生的想法，于是委婉地提醒王霏，让她注意自己的说话方式。可王霏却一脸不解，认为自己都是为了他们好，他们要是能早点意识到自己的缺点，就能尽早结束实习期。

哪怕你的目的是为对方好，公众场合指责他人也是不明智的行为，因为这会让对方非常难堪，而忽略了你的真正目的。事实上，那些真正聪明、情商高的人从来不会当众指责别人，他们会从对方的角度出发，委婉地提出劝告，充分地考虑他人的感受，不让对方感到难过。

据说在作家冯骥才的身上发生过这样一件事：有一次他去美国访问，一位美国朋友带着儿子来看他。在他们聊天的时候，朋友的儿子突然爬到冯骥才的床上，还站在上面一阵乱跳。

冯骥才看到后没有生气，而是幽默地说了一句："请你的孩子回到地球上来吧！”那位朋友听后说：“好，我和他商量商量。”孩子听从父亲劝告后，乖乖地从床上爬了下来。

看到小孩子在自己的床上乱跳，遇到这样的事情，一般人可能会很生气，甚至会直接让孩子下来，可这样一来，朋友肯定会感到尴尬。聪明的冯骥才没有这样做，而是用幽默的语言达到了自己的目的，也化解了朋友的尴尬。

生活中我们难免遇到尴尬的情况，这时不去指责他人，给对方个台阶下，对方会感觉到自己受到尊重，也会发自内心地感激你。这是一个人的美好品德，也是高情商的体现。

当然，在给人台阶下时，还要有一定的技巧，既能让当事者体面地下台阶，又要尽量不使在场的其他人觉察到。

在一家小饭店里，一个中年人请朋友吃饭。可能是带的钱不够，客人只是点了两瓶酒，但来的却有五个人。老板看到这一幕后，并没有露出不屑或不满的神态，反而不露声色地给客人斟起了酒，以致吃了很多菜后，客人们酒杯里的酒还是满着的。

这位中年人明白老板是在帮他，临走时向老板认真地说了声“谢谢”，还说以后聚会还来这里。之后，中年人真的常常带朋友来这里，因为小店饭菜美味可口，氛围温馨舒适，朋友们又带了自己的朋友，一来二去，小店生意越来越红火，而当初的那个中年人也和老板成了好朋友。

显然，故事中的老板不仅是一个称职的商人，还是一个情商高的人，他不动声色地用自己的举动维护了顾客的面子，化解了尴尬，也为自己赢得了回头客。

俗话说：与人方便，就是与己方便。在与他人相处的过程中，尊重他人，不当面指责他人，不当面说难听的话，给人台阶也就是给自己台阶。只有这样做了，我们与他人的关系才会变得长久。

其实很多时候，如果你不假思索地在公开的场合指责一个人时，周围人的目光不仅会落在被你指责的人身上，也会落在你的身上。因为，每个人都有自尊心，在人多的地方使对方出丑，让对方下不了台，反而会使人感到你为人刻薄、不好相处。长此下去，你的朋友自然会越来越少，所以即使是真心的劝告，也要注意掌握尺度和方法，不要好心办坏事。

2. 会上的“冷场王”

说话是一门艺术，虽然每个人都能说话，但却并不是每个人都真正懂得说话的艺术。聚会上人多，气氛难把控，想要说话又不冷场比平时更加难。我们不仅要会调节气氛，还要注意说话的尺度和语气。这都需要我们多加思考，慢慢练习。

随着生活节奏的加快，人们的生活压力越来越大，于是，许多人喜欢在空闲的时候约上三五好友坐在一起喝茶、聊天，把平日累积在心里的不愉快通过聚会的方式排解出去。在这种场合，说的话就显得尤为重要。

有些人说的话能使聚会的氛围变得活跃，让人忘记烦恼；而有些人却总是能让聚会的气氛一秒钟陷入冰点，让别人觉得尴尬、郁闷，这些人就是聚会上最不受人欢迎的“冷场王”。

周末，小邓组了个饭局，约了几个大学同学一起出来吃饭。吃饱喝足后，大家就天南地北地聊开了。虽然毕业两年了，也不能经常见面，但是大家的感情一直都很好，自然有说不尽的话题。起初，大家都有说有笑的，气氛一直很好，可聊着聊着，“冷场王”就出现了。

原来坐在小邓身边的徐薇知道他现在是公务员，似乎对这个职业很感兴趣，就一直缠着小邓问这问那。这原本也没什么，可聊着聊着，话题就从比较平常的“现在忙不忙？”“要不要经常加班？”过渡到了比较尴尬的问题，如：“你们部门是不是会有额外的奖金啊？”“年终奖到底有多少啊？”“你们上班真的是看看报纸、喝喝茶就好了吗？”

小邓听后有些不高兴，但还是礼貌地回答了她。其他同学觉得气氛有些僵，赶紧找了其他话题来救场，可不一会儿，徐薇又揪着小邓公务员的身份继续说了起来。一个同学看不下去了，说："你老纠缠人家小邓做什么呀？大家好不容易聚一次，就不能聊些工作以外的话题吗？"可徐薇听了却不高兴了，质问同学："什么叫纠缠，我这不是聊天吗？你上纲上线干吗？"两个人争吵起来，虽然其他同学努力将两人劝了下来，但这场聚会最后还是不欢而散。

大多数聚会的目的就是放松、开心，所以聊天的氛围很重要。简单的几句话可以让氛围变得轻松也可以让氛围变得尴尬，没有人会喜欢聚会上的"冷场王"，因为这样的人都是破坏气氛的高手。所以，在说话前我们应该思考一下，哪些话该说，哪些话不该说，以免使自己成为聚会上最不受欢迎的人。

那么，聚会中或者是日常生活中有哪些话题会破坏气氛、容易引起别人的反感呢？归纳起来主要有以下几种：

（1）讲过于冷门的话题。

一般来说，聚会上太冷门的话题不会引起他人的共鸣。如果聚会上就只有你一个人熟知的话题，那么整场聚会上，也只有你一个人在滔滔不绝地讲话，其他想讲话、分享故事的人就会觉得被冷落，气氛自然很难活跃起来。

（2）讲伤人带刺的话题。

聊天要有一个原则，那就是肯定和赞扬的话多说，否定和消极的话少说。比如在聚会的时候，如果有女生在场，你说一句“我觉得不会做饭的女人不配为女人”，那么不会做饭的女生听到了就会很尴尬，冷场也就在所难免了。

（3）讲“假大空”的话题。

聊天的时候，大家都希望被真诚、友好地对待，如果你说的话题听起来“高大上”，但是太浮夸，一点也不接地气，那就很难引起别人的共鸣。比如你说“我觉得做人既要仰望星空，又要看清脚下的路”，虽然这话听起来没有太大问题，但却让别人不知该如何接下去，觉得和你没有共同话题，与你的思维不在同一个频道上。

（4）讲过多消极埋怨的话题。

每个人都有情绪不好的时候，偶尔抱怨几句是很正常的事情。但如果你把整场聚会变成你的吐槽大会，那不仅不会让人有安慰你的心思，还会因为你把过多的负面情绪带给别人而让人感到压抑。

（5）刺探对方隐私的话题。

没有人希望在聚会上被别人刺探隐私，就像徐薇问的那些问题，涉及对方的收入、工作细节，甚至是求证关于对方工作的一些不好的谣言是否属实，等等，这些都会让对方有种被人冒犯的感觉，心生不快，自然也就没有和你聊下去的欲望。

当然，除了上面列举的几种情况外，还有很多不恰当的举动也会让聚会陷入冷场。比如聚会过程中，只顾自己高兴，揪住一个话题猛聊，不顾对方是否高兴，也完全不把在场的人当一回事，这样也会让聚会陷入尴尬的氛围。

聚会上讲的话是一个人综合素质的体现，也是一个人情商的体现。要想让所有人都喜欢你，让人愿意和你聊天，在平时的聚会中养成好习惯是件不容忽视的事情。

如果你想早日变成情商高手，可以试着从聚会开始，坚决不说破坏气氛、让气氛陷入冷场的话。如果你能做到这点，相信你的身边渐渐地也会有许多人愿意与你交往。只要继续努力，你离交际达人还会远吗？

3. 夸夸其谈的“大话王”

人们总是倾向于向别人展示自己最好的一面，尤其是在和人对话的时候，容易情不自禁地夸耀自己的成就，甚至有时会说一些假话、大话。虽然这是人之常情，但是每次在听到别人自说自话、口若悬河的时候我们还是不由得会心生反感。由己及人，我们就会明白夸夸其谈是不对的，平时应多加注意，有则改之，无则加勉。

很多情商高的人表达能力都很好，他们说的话让人听来很舒服，他们也懂得掌握分寸，知道什么叫适可而止，而不是只顾自己高兴，一味地说个没完。但情商低的人就正好相反，他们说话常常不分场合，只要自己高兴了，就不管别人的感受，像演说家一样说个没完没了。这样的人在生活中并不少见，他们逢人就夸夸其谈，或是显示自己懂得多，或是吹嘘自己有能力，然而真正做起事来却一无是处，是名副其实的“大话王”。

周鹏人缘很好，还做得一手好菜，所以空闲时他经常邀请朋友来家里做客，自己做菜招待他们。可最近周鹏却很少领朋友到自己家来了，因为他害怕自己的爸爸动不动就开启“大话王”模式。

每次一有客人到家里来，周爸爸就兴致勃勃地坐到客人对面，滔滔不绝地说话，内容大体都是自己光辉的前半生，自己多么的无所不能。很多客人刚开始为了保持礼貌都会坐在那里听着，甚至还会为了不冷场时不时地附和几句，可是没想到周鹏爸爸往往一开口就收不住，而对方礼貌性的附和也被他当作是对方崇拜自己的表现，有了“粉丝”捧场，周爸爸谈兴就更浓了。有些客人拉不下面子，强撑着坐到最后，有些客人实在受不了，坐了一会儿就找借口走了。周鹏亲近的朋友曾经隐晦地跟他提过：“你爸爸太能吹了，我们耳朵都听烦了，实在受不了，只能告辞走人。”

对于爸爸这种不分场合、不分对象自吹自擂的行为，周鹏也感到很无奈。每当他劝爸爸注意一下的时候，爸爸就会一脸得意地说，那我就是知道得多啊，你没看你那些朋友都被我说得一愣一愣的。可事实上，周鹏知道，爸爸大多数时候就是个空架子，自己的工作跟爸爸以前大学时学的专业关联很大，可每当他真有问题请教爸爸时，爸爸就一个字也说不出来了。

生活中像小周爸爸这样的人并不少，他们说起大话比谁都厉害，可实际操作起来却什么也不会。哪怕别人不得已地奉承他们几句，也能让他们自鸣得意，尾巴翘到天上去。可是这种光说不练的“假把式”早晚会被拆穿，更何况别人也并没有那么大的兴趣听你吹嘘你的“丰功伟绩”。很多时候，你的夸夸其谈只会让别人厌烦。

我们在工作时也能碰到这种“大话王”，当别人在工作中遇到困难正在想办法解决时，他们会在旁边以不屑的口吻教训道：“这都不会，只要你……就好了呗。”什么事情被他们说起来似乎都很简单，可真当你满怀期待地请他们帮助自己时，他们就会躲躲闪闪，半天说不出一句话来。

“知之为知之，不知为不知，是知也。”话虽如此，但对于那些虚荣心强、情商又低的人来说，却很难做到。他们意识不到自己的夸夸其谈并没有为自己赢来羡慕、崇拜的眼光，反而让别人烦不胜烦。

当然，我们并不是说喜欢说话是一件坏事，而是要分清场合，把握好尺度，更不要为了虚荣而自吹自擂，抬高自己。我们要记住，日常生活中自己的一言一行都代表着自己在他人心中的形象，为了让自己更受欢迎，我们应该保持谦虚、低调的心态，跟身边优秀的人学习，做一个不浮躁、不吹嘘、有内涵、说话做事受人欢迎的人。

4. 玩笑开得太过火

常有人说，幽默是一种天赋。在说话这门艺术中，开玩笑也许是最有难度的一项，因为玩笑的本质就是冒犯，小小的冒犯加上有趣的言辞可以让大家捧腹大笑、调节气氛。可是，一旦没把握好尺度，玩笑过火就会成为伤人感情、引人恼怒的语言攻击行为，便是弄巧成拙。

在与人交流时开玩笑是一件很正常的事情，在生活中幽默的人也总是更受欢迎，但是情商高的人在与他人相处的过程中往往能开一些让人高兴的玩笑；情商低的人则相反，他们有时开起玩笑来不仅不能引人发笑，还会让人难堪。

曾强是单位里出了名的老实人，大家都觉得他个性很温和，轻易不和别人发火，可是有一次吴磊和他开的一个玩笑，却让他愤愤不平了好久。

原来，周末，单位里几个同事约好带家属骑车出去郊游，因为天热，曾强戴了一顶墨绿色的鸭舌帽，本来大家谁也没在意，可到了中途休息站时吴磊看到了，于是跟曾强开玩笑说："曾哥，什么颜色不好戴，你居然戴了一顶绿帽子！"大家这才注意到曾强头上的帽子，于是哄堂大笑。曾强自己摘下来看了看，发现确实是，于是也和妻子一起笑了起来，谁都没在意。

可是，到了下一处休息站时，吴磊又开起了曾强的玩笑，问曾强："曾哥，你的绿帽子呢？怎么不继续戴了？"曾强的妻子听到这话，脸上已经没有了笑意，而曾强也只是勉强笑了笑就带着妻子走开了。可没想到，吴磊还是没完没了。

大家继续出发后，他又边骑车边对曾强说："曾哥，你这个笑话太经典了。一会儿一定把你的绿帽子戴上合影留个念，好歹你也是戴过绿帽子的人了，哈哈哈！”

被人接二连三地开这种玩笑，这时候曾强和妻子的脸色已经很难看了，周围的同事也都觉得尴尬，连吴磊的女朋友也在车子后座上偷偷拽他衣角，可吴磊却恍然不觉，还在继续大声笑道：“哈哈哈，你说你怎么想起来戴绿帽子的？”

这之后，大家到了目的地聚餐的时候，曾强再也没有理过吴磊，而吴磊却还没意识到自己错在哪里。

开玩笑本来是一种幽默的表现，情商高的人在与他人交流时，往往也喜欢开玩笑来拉近自己和别人的距离。

但是开玩笑也有雅俗之分。好的玩笑能让人笑过之后感到轻松，而低级的玩笑则会让人感到庸俗不堪，不仅不会引发共鸣，反而会让人有多远躲多远。

开玩笑得尊重他人，并且注意场合，让周围的人都能感受到善意，否则你不仅不能实现自己的初衷，反而会招致误会，甚至伤害别人。

为了避免这种情况的发生，我们平时与他人开玩笑时应该注意以下几点：

（1）不开他人生理缺陷的玩笑。

开玩笑时，切记不能拿他人的生理缺陷如驼背、残疾等作为话题，也不该嘲笑让别人感到失意的事情，如被分手等。

每个人都有自己在乎的事情，拿别人的身体缺陷开玩笑，是极不礼貌的，也是对别人的不尊重，而嘲笑别人的失意之处就等于是在别人的伤口上撒盐，不管你是有心还是无心，都会让别人感到厌烦。

（2）不开讽刺他人的玩笑。

有时候，捉弄他人、讽刺他人的玩笑虽然也能引人发笑，但这种开心是建立在别人痛苦的基础上的，这明显是对别人的不尊重，会使原本和谐、友好的场面变得难堪，事后也很难解释。

（3）开玩笑要注意对象。

什么样的人能开玩笑，应该开什么样的玩笑，都是有讲究的。比如在与长辈和领导开玩笑时就得多加注意，他们是长辈、是领导，不仅有自己的生活圈子还有自己的形象、尊严，玩笑一旦开得不好，相处都会很尴尬。

（4）开玩笑要注意场合。

玩笑不是在任何场合都能开的，如果你不懂这点，就会很吃亏。

在很多场合，如朋友聚会、周末旅游等，适当地开玩笑能够让人心生欢喜，感到轻松、快乐。但是在一些会议、追悼会等场合开玩笑，则会让人感到厌烦，觉得你不懂事、幼稚可笑。

总的来说，生活中开玩笑能增进感情，赢得别人的好感。但是玩笑不能乱开，只有在适当的时间、地点，对适当的人开适当的玩笑，才能达到活跃气氛、拉近关系的目的。而且只有学会了开合适的玩笑，才能体现情商水平，才能在与他人的交流中展现魅力。

5. 别人说东你说西

生活中常能见到这样的尴尬场景：两人明明是在交谈，但是各说各话，各自跟着自己的思路不停地说，没有任何实质上的交流。这种情况会出现，是因为双方都忽略了交谈不仅需要用嘴，更需要用耳。不倾听对方，你来我往的对话就无从谈起。一味沉浸在自己的思路里，只想说不想听的行为，往往是情商不高的表现之一。

情商低的人不仅在感受他人情绪能力方面有欠缺，往往在理解他人说话方面也有欠缺。别人说的明明是这个意思，但他们却通常会理解成另外一个意思，以致别人与他们交流起来感觉就像是在对牛弹琴一样，显得乏味无趣。

有时我们在和他人交流时会因为文化习俗以及个人偏好等的不同，采取一些委婉又符合自己语言习惯的词语来表述，但这些词语听起来往往有另外的意思，如果你不加以区别，不仅不能正确理解对方话里的含义，甚至还会闹出笑话。

而有的时候，在某些场合，人们有一些话不好直说、不能直说也无法明说，于是就会用一些模糊的语句来表述。遇到这种情况，就更需要我们静下心来，认真思考别人话里的另外一层意思。

汤姆去一家餐厅吃饭，他点了一份汤，过了一会儿，服务员给他端了上来，但是没有给他汤匙，汤姆很生气。

他把服务员叫过来，说："对不起，这汤我没法喝。"

服务员以为汤有什么问题，立即重新给他上了一份，可汤姆看着汤，还是对服务员摇了摇头，说："对不起，这汤我没法喝。"

服务员有些懵了，不知道该怎么办，甚至怀疑这个客人是不是故意来找碴儿的，只好把经理叫过来。经理见到汤姆后，毕恭毕敬地朝汤姆点了点头，说："先生，这道菜是我们店的招牌菜，深受顾客欢迎，您怎么会觉得没法喝呢？"

汤姆无奈地回答："我是想说，只有汤，没有汤匙，让我怎么喝呢？"

"汤没法喝"有两方面的意思，一方面可以理解为汤本身有问题，影响食欲所以没法喝下去；另一方面，可以理解为只有汤没有喝汤的工具，所以没法喝。而服务员显然没能正确理解汤姆说的意思。

由此可见，我们在与他人交流时，不能想当然地只听表面的意思，而是要考虑别人话里的另外一层意思。只有真正理解别人想要表达的是什么，交流起来才会更加顺畅。

当你听明白了别人的言外之意后，你的说话水平也会在无形中得到提高。因为当你面临尴尬的处境时，你可以幽默地来一句"言外之意"来替自己解围，这样一来，既不会伤害别人的自尊，又可以让别人知难而退。

如果你能巧妙地运用这种语言艺术，时间久了，你身边的人也会觉得你充满了魅力，你的情商也在这个过程中得到了提高，还害怕别人不喜欢你吗？

有时候，言外之意就像一种武器，用得好就能让你摆脱困境，又能给别人留下余地。

当然，语言的使用要有一定的限制。会说“言外之意”不是让你说一些表面上赞扬他人实质是挖苦打击他人的恶毒话。不论道德因素，这也不是一个情商高的人该说的话，因为这些话只会让人觉得你很“恶毒”，更不可能通过这些话而喜欢你。

在与他人相处的时候要用心理解对方说的话，看看是否有另外的意思。要学会正确理解每一种意思，这样才能和他人友好、愉快地交流，避免出现别人说东你说西的场面，让人觉得与你交流是一件浪费口舌的事情。

6. 戳人痛处的“毒舌”

“毒舌”通俗的理解就是说话刻薄，总是语出伤人。“毒舌”是分类型的，有的是因为口才好，总是想在平时炫耀自己的说话能力，故意噎人，这样的人没有恶意，但次数多了难免惹人厌烦；有的是因为不会体谅和关心别人，想到什么就说什么，直言直语伤人心。不论是哪种类型，“毒舌”都不是好事，如果有这种情况，我们应该努力改正。

语言对于人类来说无比重要，不管是生活还是工作，我们都要与人交流。可是，同样的话从不同的人嘴里说出来仿佛就有了不同的意思，我们甚至可以说，说话也是需要技巧的。

一句好听的话可以让人即使身处寒冬也感到温暖，而一句伤人的话则会让人即使在炎炎盛夏也感到全身冰冷。由此可见，语言的力量有多强大。这提醒我们在说话的时候要把握好分寸，不要说太伤人的话。

但生活中总有人爱说一些伤人的话，甚至以此为荣，觉得这是自己性情直爽的表现，殊不知这样的人往往并不受欢迎甚至惹人生厌，人们往往会形容这样的人“毒舌”。

语言的伤害有时超过肉体的伤害，说出去的话就如泼出去的水，只要给人造成了伤害，就不可能再收回来。真正聪明的人一直都很注重自己的表达，他们绝不会轻易说伤人的话。尤其是情商高的人，他们知道每个人都有自己的缺点和优点；在和别人相处过程中，他们总能掌握好分寸，说出通情达理、让人听了觉得舒服顺心的话。而情商低的人则不然，他们有些人说话毫无遮拦且没有顾忌，往往伤了人自己还一无所知。

一个刚从战场上回来的士兵从旧金山给父母打电话，他对父母说："爸妈，我回来了，可是我有个不情之请。我想带一个朋友同我一起回家。"他的父母听后回答："当然好啊！我们会很高兴见到他的。"

士兵听完后，继续说："可有件事我想先告诉你们，他在战场上受了重伤，少了一只胳膊和一条腿，他现在走投无路，我想带他回来和我们一起生活……"

父母还没等他把话说完，就阻止了他继续往下说："儿子，很遗憾，我们不能让他住在我们家。"父母接着说，"儿子，希望你能理解我们。像他这样有残疾的人对谁来说都是严重的负担。我们也有自己的生活要过，而他的到来必定会影响我们的生活，所以你还是忘掉他，先回家吧。"

儿子听完父母的话后默默地挂上了电话，此后父母再没能联系上他。

后来，这对父母接到了来自旧金山警察局打来的电话，说他们的儿子已经坠楼身亡了，经过专家鉴定，认为是自杀。他们听后迅速坐飞机飞往旧金山，并在警方的带领下见到了儿子的遗体。

让他们惊讶的是，儿子居然只有一只胳膊和一条腿。

原来，儿子在电话中说的"朋友"其实就是他本人。儿子因为参加战争落下了残疾，当他从父母的话中得知他们对残疾人的态度极不友好，甚至将其看作累赘时，儿子觉得生无可恋，绝望之下选择了自杀。

故事中的父母没有想到，他们无心的话语伤到了儿子的自尊心，让他做了极端的事情。

其实，冷言恶语的伤害远胜过拳头。因为拳头只能打在人的肉体上，伤痛很快就可以愈合，而冷言恶语的伤害可以直捣人的心灵深处，让人久久不能忘怀。

在人际交往中，我们会看到这样一些人，他们反应快、口才好，善于抓住别人语言中存在的逻辑漏洞，所以总喜欢揪着别人的这些漏洞不放，与他们辩论，直至把对方辩得哑口无言才满意。虽然表面上看他们占据了上风，但是别人未必会对他们心服口服，也未必就会因此崇拜他们，相反，还可能觉得他们过于咄咄逼人而对他们印象极差。

口才好本来是一件好事，但是这并不能成为你耀武扬威的利器，不然它只能让你处处树敌，害得你寸步难行。

在别人还不了解你的情况下，人们只能通过你的言行举止来考量你，给你一个基本的评价。如果你表现得“毒舌”，那么别人对你的印象自然会大打折扣，认为你是个刻薄、难以相处的人。

为了避免“毒舌”，我们要养成向他人学习的好习惯，比如向周围情商高、会说话的人学习，学习他们的表达技巧。同时养成大度、宽容的性格，让人觉得与你交流时没有负担，甚至感到温暖。当别人跟你相处感到轻松愉快时，你的人缘自然也就越来越好。

第三章

情商障碍（二）：不成熟的情绪表达

1. 一点就着的暴脾气

愤怒是人类所有负面情绪中最伤人的一种。有些人性情和顺，有些人却暴躁易怒，在日常相处中，看似前者容易吃亏，但事实上，后者往往会过得更不顺利。因为性情暴躁不仅可能会伤害他人，更会伤害自己。易怒的人充满戾气，心里更为焦躁，而其他人感受到之后也会不敢靠近，甚至会对这样的人产生厌恶心理，从而充满敌意。

人们都知道“世界上没有两片相同的树叶”，同样，世界上每个人的脾气、性格也都是不同的。在生活中，我们常常能看到这样一种人，他们脾气暴躁，别人随便一句话都能让他们怒火高涨。等怒火平息、冷静下来后，他们有时也会后悔自己的所作所为，可是再遇到类似情况时，还会忍不住发火。

张林和董夏曾是一对让人艳羡的夫妻。两人是大学同学，因为兴趣、爱好相投走到了一起，感情深厚。在性格上，董夏是家里的独生女，经常会因为一点小事不合自己心意就发脾气；而张林自觉作为男人，应该包容自己的妻子，所以只要董夏发脾气就会让着她，因此两人的婚姻还是很幸福、美满的。

虽然在婚姻中有丈夫无限度地包容自己，但董夏生活与工作中的人际关系一直十分紧张。对于朋友来说，董夏是个不能开玩笑的人，哪怕是最正常不过的玩笑也能惹得董夏当场翻脸；在工作中，同事普遍认为董夏不好相处，像帮着递支笔这类小事都会让董夏觉得别人是在支使她，并因此面露不悦，更别提当别人的工作进度和董夏的进度无法配合时，董夏更是会直接在办公室发火。时间长了，无论是朋友还是同事都开始尽量和董夏保持距离，大家都在背后说董夏仿佛更年期提前了，一言不合就发火，简直就是个火药桶。

其实对于朋友和同事的嫌弃，董夏不是毫无感觉的，尽管有时事后也会后悔，但每次她仍然控制不住自己的脾气，这种情况一直持续到她的家庭也出现了危机。

几年前，董夏的家里添了一个新成员，可是当孩子出生后，本应更加幸福的三口之家矛盾却突然多了起来。原来，面对年纪尚小的孩子，董夏也不知控制自己的脾气，随着孩子慢慢长大，从学走路到穿衣吃饭，只要稍不合意董夏就会发火训斥孩子，这让张林越来越难以忍受，夫妻之间渐渐有了争吵。

一天早上，因为吃早餐时孩子稍微磨蹭了一下，董夏觉得耽误了上幼儿园的时间，就开始声色俱厉地指责孩子，吓得孩子哇哇大哭。张林十分心疼孩子，一把抱起孩子安慰，同时责怪董夏：为什么有话不能好好说？孩子还小，很多事可以慢慢教、讲道理，你动不动就发脾气，除了吓到孩子，能解决什么问题！但是董夏却不觉得自己有错，反而觉得丈夫不如以前体谅自己了，更是怒火高涨，于是矛盾瞬间升级，两个人站在餐桌前就开始大吵。

我们常常把自我调节情绪的能力当成衡量一个人情商高低的标准之一，但这种能力并不是到了一定年龄就会自然而然具备的，而需要经过一个学习并反复调整的过程才能培养起来。但在我们的人生中并没有专门的学校来教授相关知识，所以有很多人的自我调节情绪能力较差，董夏就是个典型的例子——她不懂得正确处理自己的愤怒情绪，所以当这种情绪产生时，第一个反应就是立刻把这种情绪发泄出来，久而久之，这种情绪发泄已经形成了习惯，每当受到刺激时，就会爆发。

生活中像董夏这类不能控制自己愤怒情绪的人不在少数，只不过表现形式各有不同，有的人可能是“职场刺猬”，有的人可能是“路怒症”患者，等等。而对于不能控制愤怒情绪所导致的严重后果，美国临床心理学家、认知—行为治疗之父的阿尔伯特·艾利斯曾做出过如下总结：其一，会对包括夫妻、家庭以及亲朋好友在内的亲密关系造成破坏；其二，会对工作中的人际关系造成破坏；其三，不仅无法解决问题，甚至还会使原本已经很糟糕的情况雪上加霜；其四，可能会引发攻击行为，以致不良后果；其五，可能会对身体造成损害，如诱发心脏病；其六，可导致抑郁、内疚、窘迫、失控感等“心理疾病”。简单来说，无法控制自己的愤怒情绪不仅会影响人的生活、工作，更有甚者还会对他人的身体造成实质性的伤害。

我们常常用火山爆发来比喻人们发怒的情形，火山爆发是自然力量作用的结果，无法控制。幸运的是，人的情绪调节能力却是可以习得的，所以，像董夏这样总是一言不合就发怒的人也不是无药可救的，可以尝试用下面的方法来进行调节：

（1）可以想办法将批判延迟，以此来克制自己的冲动。当你感到火气冲头时，先不要急着开口发表自己的意见，可以先试着在心里数数。可以先从 1 数到 10，如果发现此时还是无法平息怒火，甚至可以数到 100，然后再开口说话。此时，你就会发现，你已经没有刚刚那么愤怒了，因为在批判被延迟的同时你的冲动也获得了缓冲的时间，最终得以克制。

（2）转移注意力，暂时搁置问题。当人们被激怒时，身边的人往往会劝他们“别把事情放在心上”。实际上，这是在建议他们“把问题先搁在一边”，等情绪平稳、心情好一点的时候再解决这些问题。例如，住在楼上的人直到深夜还在大声地播放音乐，让你根本无法入眠；或者你的一个邻居拒绝把挡住光线的栅栏拆掉，这些小小的刺激都能成为你的困扰和烦恼，让你变得焦躁不安。在遇到这种情况时，先不要急着发怒，要想一想有没有比较聪明的应对方式？如果有的话，会是什么？

（3）灵活处事，不要过于强求。我们常说，条条大路通罗马，有时一条路走不通，即使发火也无济于事，还不如把精力积攒下来想想其他出路。

（4）顺其自然，对事情不要过于强求。为了让自己的情绪保持稳定，你最好能够认清事实并且接受事实。有的时候对事情过于强求是没有意义的。因为你越是强求，就越会沮丧。比较聪明的一种应对方法是，重新检查一下自己制定的各个目标，并且看看你寻求达到这些目标的途径是否恰当。实现某个目标可以有很多不同的办法，所以，改变你现在的处事方式可能是更好的选择。

（5）无论在什么时候都要尽量让自己保持一种均衡感。在我们的日常生活中，有许多决策都是在没有充分考虑后果的情况下做出的，所以，如果最后决策的走向与自己的预期或意愿并非完全一致，我们也没必要为此焦躁不安。如果你属于那种对任何事情或东西都盯得很紧，并且总是对达不到自己的要求、不符合自己心意的状况感到无比沮丧与生气的人，请尽量让自己随和一点，这样你将会发现自己在情绪上的损耗和愤怒会减少很多，你也能更加深刻地体会到顺其自然的随意和轻松。

我们常将人生比作一个舞台，在这个舞台上我们常常会遇到各种各样的人和的事，他们或者让你喜欢，或者让你讨厌，但无论你遇到的是什么样的人、什么样的事，都应该把控好自己的情绪。脾气暴躁不仅会破坏你的人际关系，有时还会导致意想不到的严重后果，所以，你要学会从此刻开始，改掉这个坏毛病！

2. 时刻挂在脸上的负面情绪

情绪是会传染的。与快乐的人相处，受其感染，我们也会快乐；与悲伤的人相处，受其感染，我们也会伤感。正是因为如此，日常生活中，大家都更愿意同乐观、开朗、积极、阳光的人交往。总是把负面情绪挂在脸上的人，不要认为是他人不关心、不理解你，可以先想想如何改变自己。

俗话说，相由心生。我们都听说过一个词叫“面善”，通常来说，这个词包含两个意思：面熟或是面目和蔼。人们都喜欢面善的人，尤其是在不熟悉的情况下更愿意和看起来面善的人打交道，原因就在于，我们常常认为面目和蔼的人内心也是温柔、善良的。由此可见，一个人的面部表情有时会在人际关系中发挥很大的作用。可是，生活中有一些人总是冷着一张脸，要不就是愁眉苦脸、长吁短叹，这样的人总给人一种很压抑的感觉，跟他们待久了甚至会觉得自己的心情也变得不好了。这些人就是我们说的，喜欢将负面情绪挂在脸上的人。

小雪很喜欢买衣服，发了工资后，她兴冲冲地拉着好友去逛街。当她走到街角时，看见橱窗里的一件风衣不错，就走进店里，打算好好看看。

结果推门进去之后，并没有人过来迎接，也没听到别的店里那句熟悉的“欢迎光临”。老板娘正坐在电脑旁看电视剧，她看见有人进来也只是抬起头冷冷地看了一眼，就继续看电视剧了。

小雪和朋友走到之前看中的那件衣服前，开始仔细端详起来，又摸摸材质。这时，老板娘才走过来，抱着双臂，依旧冷着一张脸站在两人旁边。小雪问价钱，她爱答不理地说：“衣服上有标签，自己看吧。”朋友又问可不可以便宜点，打个折扣也行。她照旧板着脸，说：“不可以，只能按原价买。”

小雪和朋友互相看了一眼，急忙出了这家店。出去之后，二人忍不住抱怨：这是什么态度？不知道的还以为我们买了衣服没给钱呢！

遇到这样的老板，哪个顾客也不会感到开心，因为没有人会喜欢别人冷着一张脸对自己，服务行业更是如此。虽然说，每个人都会有心情不好的时候，但这并不能成为你将负面情绪挂在脸上并以这副表情对待别人的理由。

情绪是会传染的，欢乐的情绪会传染，苦闷、悲观的情绪也会传染，特别是别人不了解你的时候，往往就是通过你的表情来识别、判断你这个人的，所以要想给人留下好印象，要想拥有好的人际关系，就要调整好自己的心态，不要把负面情绪表露在脸上。

说到这里，到底哪些情绪属于负面情绪呢？下面我们来具体了解一下。

负面情绪又称为负性情绪。心理学上把焦虑、紧张、愤怒、沮丧、悲伤、痛苦等统称为负面情绪。之所以称呼它们为负面情绪，是因为这些情绪体验是不积极的，也是不健康的，它们会使个体的身体出现各种不适感，严重的情况下，甚至还会影响个体的工作和生活，从而给个体带来身心方面的伤害。

生活中，有些人欠缺对情绪的调节能力，常常会把负面情绪积累在心里，不去积极地疏导，时间久了不仅对自身有伤害，对周围的人也同样存在伤害。

有负面情绪的人，如果在生活中随意释放自己的负面情绪，比如在同事面前唉声叹气、做苦瓜脸，那么他们的负面情绪就很有可能会传染给同事，让同事的心情也跟着变差，这样一来就容易使办公室里气氛压抑，工作起来很不开心。

那么，我们要怎样控制负面情绪，不让它表现在脸上呢?

其实，负面情绪并不可怕。它可以通过许多方法来调节。比如，心情低落时可以参加体育锻炼或者户外活动，当你大汗淋漓时就会发现，心情已经变好了；还可以听音乐、看电影、睡一觉，甚至大吃一顿，这些方法都能帮你赶走不良情绪，恢复好心情。

情绪关系着一个人的身心健康，心理学家指出，现实生活中约有 15%~20% 的人有情绪障碍。

许多中风病人的发病都与情绪激动有关，尤其是经常有生气、吵架、恐惧、焦虑、兴奋、紧张、悲伤、嫉妒等情绪的人，他们很容易在多次不良情绪发作后患上脑出血的疾病。

临床医生说，这是因为表露在脸上的负面情绪长时间受刺激，会引起个体大脑皮质和丘脑下部兴奋，使个体脑血管内压力增大，容易在已经硬化、失去弹性、形成微动脉瘤的部位破裂，从而引发脑出血。

由此可见，负面情绪对人的危害不容小看。它不仅会使个体患病，甚至也会影响周围人的健康。

事实证明，能够合理调节自己的情绪并拥有良好心态的人，才是成熟、理智的人，人们也愿意跟这样的人打交道。

为了让自己有好的人际关系，我们在平时的生活中就得加强自身修养，让自己随时保持良好的情绪，做一个心境平和、善于倾听、善于与人交往的情商高手。

3. 总是伤害最亲近的人

家人是我们在世界上最亲近的人，因此，我们常常觉得他们能无限包容我们，并接纳我们的不良习惯和坏脾气。渐渐地，家人成了我们负面情绪的垃圾桶，成了我们最苛责、挑剔的对象。但是，无论是亲人还是陌生人，对情绪的感知都是一样的，亲人的包容不是我们伤害他们的借口。越是关系亲密，就越应该关心、爱护。

不知道在生活中你会不会有这样的一面：与陌生人相处时，表现得彬彬有礼，不管对方给你带来多大的麻烦，都能忍受并做到理智对待；而在亲近的人面前，就变成另一副样子，只要自己心情不好或者压力太大，就冲他们发脾气，甚至还会说一些恶毒的话，不把对方说得哑口无言绝不罢休。那个有修养的自己瞬间被抛到脑后，即使到了最后，意识到自己错了，也拉不下脸来主动道歉。

老师和同学都认为郭阳是个温和善良、很懂礼貌的孩子，可只有他自己知道，在家人面前他就是一个毫不讲理、没有修养的人。

有一天夜晚，郭阳在卧室复习功课，正因为一道题解不出而烦恼，恰好妈妈敲门进来，给他端了一杯牛奶。他没有接过杯子，而是对着妈妈狂吼："你刚才不是已经给我送过牛奶了，怎么还来啊？你老进我房间送东西，我还怎么复习，你烦不烦啊！"

妈妈看到他怒气冲冲的样子，没有辩解，委屈地退出了房间，一个人坐在客厅的沙发上落泪。

后来郭阳出来喝水，妈妈还主动去跟他道歉："阳阳，对不起，妈妈错了，刚才不应该打扰你。妈妈更年期到了，做事总是颠三倒四的，自己给你端过牛奶也不记得了，希望你原谅妈妈。"

听到妈妈的话，郭阳才醒悟过来，自己对妈妈太粗暴了，妈妈是关心自己才会给自己送牛奶的，自己不应该朝妈妈发脾气，还说了那些伤人的话。

其实，很多人这样做是因为知道家是我们的港湾，不管发生什么事情，家人都会包容我们。可家人也是人，他们也会有自己的情绪，当我们总是拿最坏的脾气对他们的时候，他们也会感到难过。

那么，为什么我们还是把最坏的脾气留给最亲的人，把最好的一面留给陌生人呢?

心理学上对这种情况的解释是：相对于亲人，我们往往对“别人”更有耐心，更不容易发火，是因为我们假设“别人”是不了解我们的，要取得他们的了解是需要花时间去沟通的。但面对家人，我们的耐心有限，是因为我们认为家人应该是最了解、最支持我们的，所以不需要额外再花时间去沟通。

总的说来，我们之所以总把坏脾气留给身边最亲的人，大致要归结为以下几个方面的原因：

（1）对亲人的期望过高。按照一般观点，越亲近的人就越能理解和支持我们。但其实即使是家人也不能在所有的事情上都对我们百分之百的理解，一旦碰到亲人不理解的时候，我们就会想：“别人不理解我也就罢了，怎么你也不理解我呢？”这样会越想越生气，但其实都是因为我们对亲人期望过高而自己并没有意识到。

（2）不堪承受亲人对我们的压力。相对于别人来说，面对亲近的人提出的要求和期望，我们感受到的压力更大。这是因为我们心里更在乎他们，我们不希望他们不开心，因此会给自己添加许多无形的压力。

（3）对亲人有放肆心理。家人之间能形成一个相对安全、包容的环境。当我们在外面受了委屈和压力时，往往会选择到家中宣泄。这是因为我们依赖亲人，对他们存在放肆心理。

在宣泄过程中很多人容易对家人使用嘲讽、歪曲、夸大、贬低等攻击性的语言，虽然最后我们的压力得到了释放，但也给家人带来了伤害。

（4）容易对亲人陷入单极思维。所谓的单极思维，就是我们在不考虑实际情况的状态下，为自己定下一个目标，不实现不罢休，死死地纠缠于这个目标，最后走不出来的一种思维模式。

对亲人的这种思维很容易让我们把主观想法强加于亲人身上，强迫他们接受我们的观点，他们一反对，我们就会用更激烈的语言和方式去制止，以致闹出矛盾。

家人是上天赐给我们的礼物，不要因为他们爱我们，就认为自已可以肆意妄为，无情地去伤害他们，忽略他们的感受，我们理应好好珍惜与他们在一起的时光。在与家人有矛盾的时候，可以坐下来，试着像朋友一样友好地沟通，只有家人之间相互理解了，矛盾才有缓解的可能，而不是给彼此带来更深的伤害。

所以，从现在开始，收敛我们的坏脾气。就算家人说错了话做错了事，那也没关系，给他们一个体谅的眼神、一句贴心的话语、一个温暖的拥抱。因为，他们才是我们生命中最重要的人，有他们才有我们的港湾。

总之，要记得，不要只把耐心和宽容交给陌生人，却把坏脾气和最糟糕的一面留给家人，不要让最亲近的人因你而受到伤害。

4. 说话做事爱冲动

冲动是一种具有破坏性的情绪，很多人都会在情绪冲动时做出让自己后悔的事。生活中，我们要努力克制冲动的情绪，树立控制情绪的意识。

情商低的人有一个特征，那就是爱冲动，冲动之下做的事、说的话，十有八九会后悔。当一个人冲动时，其全部注意力都集中在导致他冲动的这一件事情上，对于其他诸如后果之类的问题根本就没有时间去考虑。在冲动的行为下，无数个令人扼腕叹息的悲剧在上演。

比如说，一个关系很好的朋友，因为疏忽做了让我们生气的事，冲动之下，我们可能就会跟对方吵一架，最后伤了感情；在公共场合跟陌生人发生点冲突，冲动之下可能会跟对方大打出手，弄得两败俱伤；当我们看到能力平平的同事晋升而自己却备受冷落时，便会怒火中烧，冲动之下说了不恰当的话，既得罪人还让人看了笑话；在公司里，因为一点事跟主管发生矛盾，便一怒之下跑到老板面前甩辞呈，事后又后悔……

这些做法，在当时可能是出了一口气，但最后吃亏的还是我们自己。

在现实生活中，人总是很容易冲动的。在一种氛围中、在一种情景下，冲动的情绪会急速冲破理性的防线，使人的情绪、思维和行为出现异常反应。

心理学家认为，人在受到伤害时愤怒是正常的反应，而受到伤害的人的第一个念头便是想攻击伤害自己的人，但在行动前最好先问问自己：这样做能否达到目的？这样做对事情有无帮助？

距离高考还有半个月的时间，在一个时常洋溢着欢乐笑声的班级里，同学们正在全神贯注地填着志愿表。一切都是那么平静，谁也不敢相信一场流血事件即将发生……

事情的起因很简单。一位同学从全刚的身边走过时，不小心碰了他一下，全刚不高兴地说："走路看着点！"那位同学不以为然地说："怕碰就别在这里坐着。"全刚的火"腾"一下窜了上来，对着那个同学的脸就是一拳……

这一拳，把那位同学的右眼给打瞎了，年满 18 岁的全刚将要面临严厉的处罚。事后，他很后悔、很自责，但是事情已经发生了。

全刚曾是全校公认的高才生，拥有无限美好的前程。但他做事冲动，只要情绪一来就根本不知道什么是冷静、什么是君子动口不动手。其实他并不想伤害别人，更不想毁了自己的前途。但是，他的爱冲动，最终害人害己，酿成大祸。

专家证实，人在冲动的时候大脑就容易短路。人在短路大脑的控制下，想要对棘手问题做出及时、正确的反应几乎是不可能的。

生活中我们时常听到这样的信息：某人跳楼自杀后，其朋友都说他平时是很平静、很容易沟通的，没听说过他和谁有积怨，甚至都不知道他有什么想不开的地方；或者某人动刀砍人犯罪之后，说自己之前从未想过要砍人，和被砍的人也只是因为小事而起冲突的。那为什么这样的事情时有发生呢？简单地说就是因为，人在冲动的时候容易做出一些平时连想都不会去想的事情，从而造成对自己或是对他人的伤害。

冲动的情绪其实是最无力的情绪，也是最具破坏性的情绪。许多人都会在情绪冲动时做出令自己后悔不已的事情，因此，容易冲动的人应该采取一些积极有效的措施来控制情绪。

（1）理智控制情绪，使自己冷静下来。

在遇到较强的情绪刺激时应强迫自己冷静下来，迅速分析事情的前因后果，再采取表达情绪或消除冲动的“缓兵之计”，尽量使自己不陷入冲动鲁莽、简单轻率的被动局面。比如，当你被别人无聊地讽刺、嘲笑时，如果你暴怒并反唇相讥，很可能引起双方的争执，怒火越烧越旺，于事无补。但如果你能提醒自己冷静一下，采取理智的对策，如用沉默为武器以示抗议，或只用寥寥数语正面表达自己，指责对方无聊，对方反而会感到尴尬。

（2）用暗示、转移注意法。

使自己生气的事一般都是触动自己尊严或切身利益的事，很难一下子冷静下来，所以当你察觉到自己的情绪非常激动，眼看就要控制不住时，可以及时采取暗示、转移注意力等方法自我放松，鼓励自己克制冲动。言语暗示如“不要做冲动的牺牲品”“过一会儿再来应付这件事，没什么大不了的”等，或转而去做一些简单的事情，或去一个安静、平和的环境，这些方法都很奏效。人的情绪往往只需要几秒钟、几分钟就可以平静下来。但如果不良情绪不能及时转移，就会更加强烈。比如，忧愁者越是朝忧愁方面想，就越感到自己有许多值得忧虑的理由；发怒者越是想着发怒的事情，就越感到自己发怒理所当然。根据现代生理学的研究，人在遇到不满、恼怒、伤心的事情时，会将不愉快的信息传入大脑，逐渐形成神经系统的暂时性联系，形成一个优势中心，而且越想越巩固。

（3）思考有没有更好的解决方法。

在遇到冲突、矛盾和不顺心的事时，不能一味地逃避，还必须学会处理矛盾的方法。一般来讲，我们可采用以下几个步骤：

明确冲突的主要原因是什么，双方分歧的关键在哪里，解决问题的方式可能有哪些，哪些解决方式是冲突一方难以接受的，哪些解决方式是冲突双方都能接受的。我们经过分析，找出最佳的解决方式并采取行动，就是在逐渐积累经验。例如，小明这几天情绪不好，原来是和父亲因踢足球发生了矛盾：父亲希望他放弃足球，专心学习；小明对足球有浓厚的兴趣，不愿放弃。明确了分歧的原因之后，接下来就该考虑解决问题的方式有哪些。

方案有如下四种：

放弃足球训练，专心于学习；

放弃足球训练，也不专心学习；

坚持足球训练，因此影响学习；

合理地安排时间，既坚持足球训练，又能兼顾学习。

其中，第二套和第三套方案是父亲不能接受的，而第一套方案则是小明不愿接受的，既然第四套方案可为双方接受，不妨一试。

（4）做一些有针对性的训练，培养自己的耐心。

我们可以结合自己的兴趣、业余爱好，选择几项需要静心、细心和耐心的事情做，如练字、绘画、制作精细的手工艺品等，不仅陶冶性情，还可丰富业余生活。学会管理和调控自己的情绪，是我们走向成熟、迈向成功人生的重要基础。

第四章

情商障碍（三）：负面的情绪状态

1. 悲观敏感的自我

不可否认，生活中有一些人永远不自信，觉得自己不够好，总是会因为他人的三两句话或者一些小事就伤心、失落、郁郁寡欢。这样悲观、敏感的性格，固然难以改变，但是至少要先明白这是个问题，通过发现和努力调整，还是可以慢慢变得不那么自卑、敏感的。

叔本华说过："人生如同上好弦的钟，盲目地走，一切只听命于生存意义的摆布，追求人生的目的是毫无意义的。"在他看来，因为人有意志，所以就会有欲求和渴望，而欲望只会带来痛苦，因此可以说人生本就是充满痛苦的。正因如此，叔本华被看作悲观主义的代表人物。

人生本该是美好的，虽然有时也难免遇到挫折，但不管怎样，高情商的人都不会让悲观成为生活的主色调，他们会积极地调整情绪，让身边的人总能看到自己积极、阳光的一面。

每个人的情绪都会随着外界的变化而变化，从科学角度来讲，一个人不可能永远都是开心的状态，但也绝不会永远都是悲观的状态。其实，人生是充满阳光，还是阴云密布？很多时候就取决于你自己。

有一位年老的父亲，他有两个儿子，儿子都很可爱。圣诞节来临时，父亲为了考验一下两个儿子，分别送给他们完全不同的礼物。夜里，父亲悄悄地把这些礼物挂在圣诞树上。第二天早晨，哥哥和弟弟都早早起来了，都想看看圣诞老人给自己的是什么礼物。哥哥的礼物很多，有一把气枪，有一辆崭新的自行车，还有一个足球。哥哥把自己的礼物一件一件地取下来，但他并不高兴，反而忧心忡忡。父亲问他："是礼物不好吗？"哥哥拿起气枪说："看吧，这把气枪我如果拿出去玩，没准会把邻居的窗户打碎，那样一定会招来一顿责骂。还有这辆自行车，我骑出去倒是高兴，但说不定会撞到树干上，把自己摔伤。而这个足球，我总是会把它踢爆的。"父亲听了儿子的话后，没有说话。

弟弟的礼物除了一个纸包外，什么也没有。他把纸包打开后，不禁哈哈大笑起来，一边笑，一边在屋子里到处找。父亲问他："为什么这样高兴？"他说："我的圣诞礼物是一包马粪，这说明肯定会有一匹小马驹就在我们家里。"最后，他果然在屋后找到一匹小马驹。父亲也跟着他笑起来："真是一个快乐的圣诞节啊！"

乐观的人未必情商很高，但情商高的人即使遇到困难也会保持积极、乐观的心态，情商低的人则往往一件小事也会牵动他们脆弱的神经，一旦事情的发展与他们预期的不符，就会让他们觉得如临大敌、不知所措，甚至开始悲观、失望。

每个人都会经历一些小的失意。有人遇到这些失意时忧郁不安、悲观自怜，结果更加失意，以致失去了幸福和欢乐。有的人则会渡过失意，继续前行。后者不一定是乐观的，但前者一定是悲观的。

改变悲观心理的一个办法是：避免老是盯着自己的不足看，而应突出自己的优势，重视自己的优势。随着积极思维的增加，消极思维自然就会减少。突出优势的另一面是最大限度地削弱失败的影响。尽管你无法避免偶尔的失败，但是可以控制失败对自己的影响，承认失败是生活中的一部分，会使自己的情绪好一些。过分强调失败，只会降低自信，使自己处于沮丧之中。

在一次讨论会上，一位著名的演说家没讲一句开场白，手里却高举着一张 20 美元的钞票。面对会议室里的二百多人，他问："谁要这 20 美元？"一只只手举了起来。

演说家接着说："我打算把这 20 美元送给你们中的一位，但在这之前，请准许我做一件事。"说着他将钞票揉成一团，然后问，"谁还要？"这时，仍有人陆续举起手来。

演说家又说："那么，假如我这样做呢？"他把钞票扔到地上，又踏上一只脚，并且用脚碾它，随后他拾起钞票，钞票已变得又脏又皱。

"现在谁还要？"演说家接着问。还是有人举起手来。

智慧的演说家给听众上了一堂很有意义的人生课。无论我们如何对待那张钞票，我们还是想要它，因为它并没有贬值，它依旧是 20 美元。

人生路上，我们会无数次地否定自己，会觉得自己似乎一文不值。但无论发生了什么或将要发生什么，我们都永远不会丧失价值，我们依然是无价之宝。所以，不要让悲观占据你的生活，多给自己一点信心，你也可以做得很好。

2. 极度苛求完美

完美主义是把双刃剑。通常，完美主义者容易成功，因为在意事情的每一丝一毫，因此完美主义者的优秀是有目共睹的。然而，正是由于过于苛求事事完美，也会给自己、给他人造成沉重的负担。因为生活不可能处处完美，如果不能心平气和地接受这一点，就会纠结、难受，生活无法长久维系。

“完美主义”是对己或对人的一种态度。每个人多少都有追求完美的倾向与需要，希望每件事都尽可能地做到完美，在某种程度上，这种倾向是人类追求自我实现与自我超越的动力源泉，能促使人们为自己或某些工作设定较高的目标，并更加努力地去完成它，所以“完美主义”对我们来说是极为有利的。但是如果我们对完美过分苛求，事事要求尽善尽美，那就脱离了正常范围，容易给自己和他人带来极大的压力。

苛求完美的人不能忍受自己所做的未能达到目标，也不欣赏与肯定自己及他人在努力过程中的付出，并因此经常责备自己和他人，生活中充满不满与批评。

苛求完美的人通常有以下表现：

（1）对自己要求苛刻。因为高标准，即使一件事已经完成得很出色，也不能令自己满意，且常归咎于自己，并因此而自惭形秽。

（2）对他人要求严格，挑剔，不留情面。如果苛求完美者是一个老板，那绝对是一个难伺候的老板。他在挑剔自己的同时也会让下属感到压力，因为他对下属的要求必定也十分严格。

（3）善于发现问题。苛求完美的人更容易注意到一些细节问题，因为他们喜欢寻根问底，不会只满足于看到的事物表象，所以能发现别人发现不了的问题，但这也同样会成为他们责怪别人的理由。

（4）固执己见。苛求完美的人容易坚持自己的标准，认为别人的标准太过宽松；他们也容易坚持自己的想法，不顾他人的意见。

（5）控制欲强，喜欢发号施令。苛求完美的人希望事情都能按他们所设想的方式走下去以达到他们的目的，所以他们将一切人和事都掌控在自己手里。

苛求完美的人往往不愿意接受自己或他人的弱点和不足，非常挑剔。比如，让自己随时保持优雅的姿态、不俗的气质、温柔的谈吐，会为一个自认为不优雅的姿态而紧张、焦虑。他们意识不到这种心理带有明显的强迫症的特征，是极不正常的。

其实，与苛求完美者表面上的自负、挑剔形成鲜明对比的是他们的内心，他们内心深处往往是非常自卑的。比如，他们很少看到自己的优点，总是在关注自己的缺点，而且总是不知足，也很少肯定自己。不知足就不快乐，因为情绪是会传染的，这会让周围的人也不快乐。所以，学会欣赏别人和自己是很重要的，它是进一步实现目标的基础。

在人际交往方面，为了维护自己完美的形象，完美主义者常常生活在一个狭小的圈子中。他们很想融入可又不敢融入群体，怕暴露了自己的缺点；不敢表露自己的感情，不敢表达自己的观点和态度；给自己制定了太多的条条框框，以完美的标准要求自己。他们这样做的结果只能是带给自己沉重的压力和深深的自责。对于别人的褒奖，他们只会感到诚惶诚恐，认为自己还差得很远。他们违心地满足别人的要求，委屈自己，打肿脸充胖子。

20 世纪七八十年代，美国心理治疗界发现这样一类求治者：他们是成功的商人、艺术家、医生、律师和社会活动家等，他们在自己的领域如鱼得水、出类拔萃，但他们的努力并未带来期待的幸福生活。

治疗者发现他们具有这样一些共性：他们的成功既不能给他们带来成就感，也不能带来一个完整、独立的自我感受。他们寻找心理治疗以期给自己的生活带来意义，并克服空虚感。

这类人的自我系统处于分离状态：一方面，当获得成功时，他们可以体验欢欣；另一方面，在他们的内心深处却隐藏着深层的无价值感和自卑感。正是这种匮乏导致了他们将无所不能的完美主义倾向当作护身的盔甲。他们抱怨所有的成功都不能给自己带来快乐，没有人理解他们，他们也不能理解自己。

“最完美的商品只存在于广告中，最完美的人只存在于悼词中。”绝对完美永远是可望而不可即的。有时缺憾未必就是遗憾。

有这样一则故事：

一个圆环被切掉了一块儿，圆环想使自己重新完整起来，于是就到处去寻找丢失的那一块儿。可是由于它不完整，因此滚得很慢。在此过程中，它可以欣赏路边的花儿，可以与虫儿聊天，可以享受阳光。它发现了许多不同的小块儿，可没有一块适合它。于是它继续寻找着。

终于有一天，圆环找到了非常适合的小块儿。它高兴极了，将那小块儿装上，然后滚了起来，它终于成为完美的圆环了。它滚得很快，以致无暇注意花儿或和虫儿聊天。当它发现飞快的滚动使得它的世界再也不像以前那样时，它停住了，把那一小块儿又放回路边，缓慢地向前滚去。

人生的确有许多不完美之处，每个人都会有或这样或那样的缺憾。其实，很多时候，没有缺憾我们便无法衡量完美。仔细想想，缺憾不也是一种完美吗？

小时候曾经听过这样一则故事：

国王有七个女儿，这七位美丽的公主是国王的骄傲。她们那乌黑亮丽的长发远近皆知，所以国王送给她们每人一百个漂亮的发夹。

有一天早上，大公主醒来，一如既往地用发夹整理她的秀发，却发现少了一个，于是她偷偷地到二公主的房里，拿走了一个发夹。

二公主发现少了一个发夹，便到三公主房里拿走了一个；三公主发现少了一个发夹，也偷偷地拿走了四公主的一个；四公主如法炮制地拿走了五公主的发夹；五公主一样拿走了六公主的发夹；六公主只好拿走七公主的发夹。于是，七公主的发夹只剩下九十九个。

隔天，邻国英俊的王子来到皇宫。他对国王说："昨天我养的百灵鸟叼回了一个发夹，我想这一定是属于公主的，不晓得是哪位公主掉了发夹？"

六位公主听到这件事，都在心里想：是我掉的，是我掉的。可是，她们头上明明完整地别着一百个发夹，所以都懊恼得很，却说不出。这时七公主走出来说："我掉了一个发夹。"

话才说完，七公主一头漂亮的长发因为少了一个发夹，全部披散了下来。王子不由得看呆了，当场向七公主求婚。最后王子和公主一起过上了幸福、快乐的日子。

这个故事告诉我们，人不会总是因为全部拥有而幸福，相反也会因失去而美丽。为什么一有缺憾就拼命去补足呢？一百个发夹，就像是完美、圆满的人生，少了一个发夹，圆满就有了缺憾；但正因缺憾，未来就有了无限的转机、无限的可能性，这何尝不是一件值得高兴的事呢?

世间万物皆不完美，没有完美的人，也没有完美的事物。人生总有缺憾，当你凡事苛求时，结果可能只会让自己因沉重的心理负担而不快乐，甚至连原本能享受的快乐也感受不到了。所以，为了让自己生活得更快乐，我们建议极度苛求完美的人试着改变自己。那么，情商高的人是怎么做的呢?

（1）学会接受不完美的现实。

没有十全十美的人，没有十全十美的事物。这是客观事实，不要逃避，也不要苛求。

（2）放松对自己的要求。

为自己制定一个短期的、合理的目标。目标定得太高，形同虚设，会欲速则不达；目标定得太低，轻轻松松就过关，自身的潜能受到抑制，很不利于自身水平的提高。目标定位的原则是“跳一跳，够得着”。因为目标合理，每次总能接近或超过目标，这样就能培养起成就感和自信心，在以后的学习和工作中才会取得优异的成绩。

（3）对“失败”要重新认识。

谁都会遇到失败，不同的只是失败的多少而已。失败并不可怕，可怕的是面对失败的消极态度。不经历风雨，怎么见彩虹？我们应把失败看作自己前进道路上宝贵的经验，要相信这次失败之后一定就是成功。

（4）宽以待人。

完美主义者大都是仔细、周到的人，但是你要小心，不要总是指出别人的错误，让别人反感和紧张，也不要因为不合你的要求就牢骚满腹，尤其是对待你亲近的人。

当然，生活中更多的人可能还没有达到极度完美主义者的苛刻程度，但是他们总是比较挑剔，喜欢因为一些本能做好却被搞砸的小事耿耿于怀，即使知道这样不对，却不知道如何改变，给自己也给身边的人带来困扰。那么，如果有这些问题，又该如何调整自己呢？

对于每一个健康的人来说，有时感到不愉快、不舒畅，对一些过去的事惋惜和悲伤，这些都是正常的现象，但总的态度应该是积极的，想得开，放得下，朝前看，这样才能从琐事的纠缠中超脱出来。假如对生活中发生的每件事都寻根究底，去问一个为什么，实在既无好处，又无必要，而且破坏了生活本有的诗意。

这时，你可以发挥一下“模糊概念”的魔法，告诉自己，有些鸡毛蒜皮的小事，即使弄得清清楚楚，又有什么意义？至于有些并不太重要的事，基本了解也就可以了，更没必要钻进牛角尖去细细考证、吹毛求疵。只有对一些小事“模糊”一些，才能真正体会到生活的乐趣，也才能有充沛的精力去处理大事，进而才能有所发现，有所领悟。这样，心境也就自然舒畅起来。

具体说来，当你因为一些小错误指责自己或他人，或者被一些小事困扰而情绪恶劣时，可以这样做：

（1）退一步想：一件已经发生的事情，永远无法挽回了。往事已成为历史，它并不因你的焦虑、悔恨和自我折磨而有所改变。

（2）改变价值观念：你吹毛求疵，是因为把许多无足轻重的事看得太重要了。实际情况肯定并非如此。在人的一生中，真正值得重视和谨慎处理的是那些足以改变命运的事件、机遇和挫折。人没有必要处处留神，那样做只会增加你的负担。

（3）自我提问：“我可能遇到的最糟糕的事是什么？”这样你会发现自己的吹毛求疵是一种多么可笑的心理。

（4）努力忘掉：试一试把一些你认为亟待处理的事搁置一边，努力忘掉它。一段时间以后，这件事也许就不那么重要了。时间的长河会淘洗掉许多生活琐事的痕迹，你如果为它付出过多的精力，那么你的生命有很大一部分就被白白浪费掉了。

不少人苛求完美，结果却降低了自己的生活质量，不仅精神萎靡、心境恶劣、疲惫不堪，而且还因为吹毛求疵而变得眼光狭隘、斤斤计较。这样的人因为精神境界有限，时常表现得冷漠、吝啬、苛刻，人际关系也十分糟糕。为了不做人人讨厌的“挑剔鬼”，我们要学会接受不完美的自己与他人。

有人问一位走红的国际女艺人是否觉得自己长得完美。她说：“不，我长得并不完美。我觉得正因为长相上的某些缺陷才让观众更能接受我。”能认识到自己有种种不足并能宽容待之的人，可以说是自信的，心态也是健康的。人生不是一盘棋，走错一步就步步皆错。人生其实就像踢足球，即使最伟大的球星也可能会在比赛中失误。我们的目标是努力发挥出最佳水平，但不能要求自己次次都是妙传甚至射门得分。

醉心于追求完美的人，其实是不完美的。完美毕竟是抽象的，而生活才是具体的。生活中有不少完美并非靠追求就能得到，相反，生活中有许多遗憾是无法避免的。假如我们在心理上接受了这些，内心就会平和许多，就能重新感受到生活的乐趣。

3. 过分渴求他人认同

我们都渴望得到他人的认同，他人的认同能增加我们的自信，还能加深我们对已有事物的认知。但是，需要知道的是，他人的认同只是锦上添花，不是必需的。人的想法各有不同，我们没有办法让所有人都认可自己。因此，我们要正确地看待他人给予我们的认同，要有自己的判断，不要陷入过分渴求他人认同的泥沼。

作为社会中的个体，我们需要与他人进行沟通交流，在这一过程中，他人的认同会对我们肯定自我产生重要的影响。

心理学上说，任何人在潜意识里都有寻求他人认可的倾向，这是群居生物的基因里联结与维持种群凝聚力的天性。所以说，寻求他人认同是正常的，情商高的人也很注意获得他人的认可，但是他们会把这种需求控制在正常的范围内。相比之下，一些情商低的人往往会对他人的认同有一种过分的渴求，他们对自己总是抱着怀疑的态度，不管做什么都需要别人的肯定。这些人最关心的不是自己的内心感受，而是“我在你眼中是个什么样的人”“在你看来，我这件事有没有做对”。这是他们经常问别人的问题，只有得到了肯定的或正面的答案，他们才会觉得安心，否则，就会惶惶不安。而对周围的人来说，这样的人无疑是缺少人格魅力的。

对他人认同的过分渴求其实是心理上缺乏安全感的表现，通常来说，这类人性格都比较敏感，别人的一举一动都会被他们当成喜欢自己或讨厌自己的暗示。

但实际上，你越是渴望认同也越有可能得不到认同；你越是渴望理解，就越有可能不被理解，因为此时的你已经失去了独立的自我，而失去自我的人是毫无魅力可言的。

从前，有个年轻人喜欢研究佛理，他自认为熟读经书，通晓一切，因此他非常渴望别人认同他有这方面的天赋。只是，他一直没有得偿所愿。他终其一生都在寻求别人的接纳，最后甚至甘愿出家为僧，可结果还是未能得偿所愿。

许多次师兄弟聚在一起研究讨论佛经时，只要他一加入，愉悦的气氛就消失了。因为他总是不认真听取别人的观点，而是一股脑地把自己的想法说出来，然后话里话外地暗示大家，希望大家能认同自己。师兄弟们对他这种做法很反感，渐渐地就疏远了他。

年轻人感到很苦恼，就向师父倾诉，师父对他说："你寻求别人的认同，反而会让自己受苦。或许你可以做自己，别人就会更容易接纳你。如果你真的拥有美好的特质和天赋，别人自然会看见。"

年轻人听了师父的话后，慢慢调整了自己的心态，学着与师兄弟正常交流，认真倾听别人说的话，适当的时候才发表自己的看法，而不再像过去一样只想着表现自己以获取别人的认同。时间久了，师兄弟们终于接纳了他，也肯定了他在研修佛理方面的天赋。

由此可见，比起急切地从别人那里寻求认同感，学会接纳自己，充满自信，才更容易获得别人的肯定。

事实上，如果一个人内心强大，对自己有着正确的认识，就不会去寻求他人的认同，以获得安全感。甚至不管遭到他人怎样的为难，都会保持平和的心态，不受到丝毫的影响。

高僧寒山与拾得有这样一段对话。

寒山问拾得："世间有人谤我、欺我、辱我、笑我、轻我、贱我、恶我、骗我，该如何处置？"拾得回答说："只要忍他、让他、由他、避他、耐他、敬他、不要理他，再过几年你且看他。"

拾得的话提醒着我们，强大的内心对我们来说非常重要。那么，要怎样建立起强大的内心呢？你可以试着用下面的方法来进行练习。

（1）建立一套属于自己的价值观。

你可以总结自己的人生经历，形成自己对世界独有的认知体系。这样当你的认知越来越贴近生活本质后，你就会变得越来越有信心。不管以后面对多大的打击，你都能轻松应对。比如你考试失败了，但你对人生的看法是"失败乃成功之母，只要自己坚持努力，下次一定能成功"，那么，你就不会感到灰心失望，更不会找一大堆类似于自己没发挥好之类的理由，让别人来认同你、安慰你，从而获得可怜的安全感。

（2）培养一项自己的业余爱好。

要培养一项业余爱好，唱歌、画画、书法，甚至喜欢打扫屋子、吃美食、看电影都可以，只要是你发自内心喜欢的就好。这样，当你面对失败时，就可以通过这些爱好纾解压力，而不是先给自己找个借口，再去别人那里寻求认同。

（3）找到自己的一项专长。

提到专长与建立自信的关系，我们先来看一个小故事。

古时候，日本有一个茶道专家，很喜欢装扮成武士。没想到有一天他在街上碰到一个真正的武士。

茶道专家看到真正的武士走来，心虚地连忙低下头，快速地从武士身旁走过。武士看到茶道专家惊慌的样子，心想他一定是冒牌武士，于是就对他说："别走，我要和你决斗。"

茶道专家心想，如果跟真正的武士比武，那自己一定会死在武士的刀下，但是自己是一个有名的茶道专家，绝不能死得太难看。于是，他便对武士说："我有一件很重要的事要去办，等办完了这件事，我再来跟你决斗。"

武士答应了他的要求。这位茶道专家找了一位剑道师父说："我是一个茶道专家，根本不会剑术，所以我一定会被杀死的，但是我希望至少能死得像个一流的茶道专家。"

剑道师父听完他的话，对他说："我可以教你，可是，你要先泡一壶茶给我喝。"

茶道专家想，这可能是他这辈子最后一次泡茶了，于是他用了毕生所学，泡了一壶茶给剑道师父。师父喝了之后非常感动，说这是他这一生中喝过的最好喝的茶。

这时，剑道师父告诉茶道专家说："你去决斗的时候，保持你泡茶的样子就可以了，因为这是你最优美的姿势。"茶道专家听了剑道师父的建议，面对武士时便不再心虚了，并且将自身的尊严全部展现出来。

武士看到茶道专家的气势大受震慑，便要求中止两人的决斗。

故事中的茶道专家因为对自己的专业产生了信心，所以才能不战而屈人之兵，以他的自信震慑住了对手。生活中，我们每个人都有自己擅长的东西，只要将你在专长上的信心，用来工作、学习、处理各种事务，就会发现，你不再需要依靠别人的评价而活着了。

每个人都喜欢与优秀、有独立自我的人交往，如果你在生活中是个缺乏自我意识，总是需要向他人寻求认同才能好好生活的人，只会让你身边的人感觉到负担，从而远离你。记住，只有找到自我、自信的人在人际交往中才更有魅力。

4. 整天疑神疑鬼

我们在书里和电视剧里都看过这样的情节：男女主人公明明相爱，却因猜忌和顾虑而误解了对方的真心，两人渐行渐远。事实上，这就是猜疑心过重而又不主动沟通造成的结果。我们猜疑别人是正常的，但是过度的猜疑绝不可取。如果猜疑令你困扰，不如尝试沟通，打开天窗说亮话。

生活中我们常会碰到一些猜疑心很重的人，他们总觉得别人在背后说自己坏话，或给自己使坏，甚至看到别人说笑，便以为是在议论自己，心里就不痛快。喜欢猜疑的人特别注意留心外界和别人对自己的态度，别人脱口而出的一句话，他们很可能琢磨半天，试图发现其中的“潜台词”。这样的人势必不能轻松、自然地与人交往。久而久之，不仅自己心情不好，也会影响到人际关系。没有人喜欢和猜疑心重的人交往，猜疑甚至会破坏你的友情、爱情和亲情，其影响力是巨大的。要想成为情商高的人，就要扔掉过度的猜疑心。

一个小镇商人有一对双胞胎儿子。这对兄弟长大后，就留在父亲经营的店里帮忙，直到父亲过世，兄弟俩接手共同经营这家商店。生活一切都很平顺，直到有一天店里丢失了 1 美元，兄弟俩之间的关系开始发生变化。那天，在关店结账时，哥哥发现少了 1 美元，他问弟弟：“你有没有动收银机里面的钱？”

弟弟回答：“我没有。”但是哥哥对此事一直耿耿于怀，咄咄逼人，不愿罢休。

哥哥说：“钱不会自己长了腿跑掉的，我算过好几遍，不会弄错的。”语气中隐约地带有强烈的质疑，手足之情出现了严重的隔阂。

双方开始冷战，后来他们决定不再一起生活，于是在商店中间砌起了一道砖墙，从此分居而立。

20 年过去了，敌意与痛苦与日俱增，这样的气氛也影响了双方的家庭。

之后的一天，有位开着外地车牌汽车的男子，在哥哥的店门口停下。他走进店里问道："您在这个店里工作多久了？"哥哥回答说他这辈子都在这店里服务。这位客人说："我必须要告诉您一件往事：20 年前我还是个不务正业的流浪汉，一天流浪到这座镇上，已经好几天没有吃东西了。我偷偷地从这家店的后门溜进来，并且将收银机里面的 1 美元取走。虽然时过境迁，但我对这件事情一直无法忘怀。1 美元虽然是个小数目，但是我深受良心的谴责，我必须回到这里来请求您的原谅。"

说完原委，这位访客惊讶地发现店主已经热泪盈眶，并语带哽咽地请求他："你是否能到隔壁商店将故事再说一次呢？"当陌生男子到隔壁说完故事以后，他惊愕地看到两位面貌相像的中年男子，在商店门口痛哭失声、相拥而泣。

20 年的时间过去了，怨恨终于被化解，兄弟间的对立也因而消失。可是谁又知道，20 年猜疑的萌生竟是源于区区 1 美元的消失。

生活中哪怕是一点点猜疑，也可能让你失去最珍贵的东西，甚至让你后悔不迭。也许很多犯疑心病的人都会说，我也不想整天疑神疑鬼，可是就是控制不住自己。那么，猜疑到底是怎么产生的？或者说，是什么原因导致猜疑心理的出现呢？

（1）喜欢猜疑的人心理不够健康。他们常常会歪曲别人善意的、正常的言行。例如别人赞扬他，他会怀疑是在挖苦、讥讽他；别人批评他，他会怀疑是攻击他；别人不理他，他又怀疑别人是在孤立他。狭隘的心胸使他无法容纳别人对他的正确评价。

（2）喜欢猜疑的人大都思想过于主观。他们戴上“有色眼镜”去观察人，用别人的举动来验证而不是修正自己的看法，因而常常歪曲事实，对别人产生怀疑。

（3）喜欢猜疑的人大多缺乏自信。他们总要以别人的评价作为衡量自己言行的标准，很在乎别人的说长道短。而当别人的态度不明朗时，他们往往会从不利于自己的方面去猜疑，自寻烦恼。

此外，还有一个因素会导致猜疑心理产生，那就是不做调查分析而随意听信流言。

猜疑似一条无形的绳索，会捆绑我们的思路，使我们远离朋友。如果猜疑心过重，就会因一些可能根本没有或不会发生的事而忧愁烦恼、郁郁寡欢，对人对己都极为不利。我们可以采用如下办法来克服这种心理。

（1）进行积极的自我暗示。

当自己正想猜疑或已陷入猜疑时，可暗示自己：他们这样做是为了我好，他们的行为是善意的，并无恶意，是我多虑了，我应该向他们表示感谢。

（2）进行思维转移。

当自己胡思乱想、瞎猜疑时，可转移思维去想其他美好的人和事物，这样对人会好些。

（3）坚持“责己严，待人宽”的原则。

猜疑心重的人，大多对自己要求不高，对别人倒多少有些苛求。如果对别人的要求不那么高，就不会把别人的言行变化看得那么重，许多无端猜疑就从根本上失去了产生的基础。

（4）用理智克制冲动情绪的发生。

当发现自己开始怀疑别人时，应当立即寻找产生怀疑的原因，在没有形成思维之前，引进正反两个方面的信息。现实生活中许多猜疑，若被戳穿是很可笑的，但在戳穿之前，由于猜疑者的头脑被封闭性思路所主宰，会觉得自己的猜疑顺理成章。此时，冷静思考显然是十分必要的。

（5）培养自信心。

每个人都应当看到自己的长处，培养起自信心，相信自己会与周围人处理好人际关系，会给别人留下良好的印象。

（6）学会使用“自我安慰法”。

告诉自己，一个人在生活中遭到别人的非议，与他人产生误会，没有什么值得大惊小怪的，不要在意别人的议论。这样不仅解脱了自己，而且还取得了一次小小的精神胜利，产生的怀疑自然就烟消云散了。

（7）及时沟通，解除疑惑。

猜疑者生疑之后，冷静思索是很重要的，但之后如果疑惑依然存在，那就该通过适当的方式，同被疑者进行推心置腹的交心。若是误会，可及时消除；若是看法不同，通过谈心，各自的想法为对方所了解，也有好处；若真证实了猜疑并非无端，那么，心平气和地讨论，也有可能使事情解决在冲突发生之前。

总之，爱猜疑的人首先应从自身着手，培养开朗、大度的性格，拥有豁达的心态后，你就会发现自己没有之前那么在意别人的看法了，人际关系也变得更加融洽了。

5. 抱怨成了常态

抱怨是一种推卸责任的行为，事情的结果通常是由多方作用产生的，不单只是一方的责任，而经常抱怨的人就是不愿意承担责任，认为自己没有任何问题，这是很不成熟的。另外，经常抱怨的人也有可能是生活不如意，但又不愿或不敢主动去改变，只能继续待在不满的情绪里，依靠抱怨的方式缓解痛苦。

俗话说，天有不测风云，人有旦夕祸福。人生不如意事十之八九，当遇到不顺心的事情时，很多人都喜欢跟亲朋好友抱怨，以发泄不满情绪。适当的抱怨的确能起到舒缓调节的作用，然而有些情商低的人却把抱怨当成了日常习惯，随便一件小事也能让他抱怨个没完没了，让听到的人也受他们感染，变得不开心。

李坤是单位新来的同事，她刚到单位的时候，大家都对她很友好，出去聚餐或是游玩都叫上她。可随着与她接触的时间越来越长，大家发现，她这个人简直负能量爆棚，无论什么事只要不合她心意她就能抱怨半天，旁边听着的人都觉得好累。

跟她工位相邻的张彤是直接受害者，拿张彤的话说，我耳朵都快被她的抱怨磨起茧子了：工作完不成抱怨领导给的任务太多，不体恤下属；自己上班迟到了抱怨公司上班时间不能挪到九点，自己早上起不来；中午去食堂吃饭没打到自己喜欢的菜，抱怨食堂人多打菜窗口少；抱怨路况、抱怨住房、抱怨室友、抱怨朋友……张彤说，就因为坐得近，我简直就成了她的情绪垃圾桶了。

有一个周末，大家商量出去散心，选来选去，最后决定去近郊烧烤、打球。结果那天天气特别热，路上还有些堵车，半路大家就觉得有些饿了，可距离目的地还有很远，于是李坤又开始了：抱怨太阳太晒，这种天出来就是受罪；抱怨组织者计划不周，挑地方就不能提前查查周围路况吗……周围的人都被她弄得烦躁不已，就连之前心态很好的同事也开始觉得窗外的景色失去了看头，最后到了目的地，大家也都没了兴致。类似的事情不止发生了一次，后来，同事间再有活动都没人叫她，她渐渐地被同事们疏远了。

其实，喜欢抱怨的人并不快乐，也经常会给周围人带来烦恼和压力，那为什么他们还爱抱怨呢？

通过调查研究，心理学家总结出爱抱怨的人往往具有以下特征：

（1）不合理的期望。

抱怨最直接的诱因是对现实生活中的环境不满。他们内心有一个标准或期望值，当外界的变化与自己的期望有落差时，他们会因为不能随着环境的变化而改变自己的标准，往往感到痛苦，需要用抱怨的方式来发泄心中的不满。

比如很多因循守旧的人之所以爱抱怨，就是因为他们总爱坚持用过去的价值观和生活方式来面对当下的生活，不能学会欣赏并接受新事物、新变化。当外界环境变化时，他们无法适应，感到被社会遗忘，时间久了就养成了抱怨的习惯。

（2）缺乏自信和行动力。

抱怨别人是一件相对容易的事情，因为把过错推到别人头上，仿佛自己就没有过错了。事实上，一个不敢承认自己缺点和失败的人，只能说明他缺乏自信和行动力。

过多抱怨只会使人失去自我完善和发展的机会，甚至会陷入越抱怨越失败的恶性循环中。如果你想让自己变得优秀，就应该停止抱怨，树立信心，以顽强拼搏的精神面对生活中的每一个挑战。

（3）不当的情感表达。

喜欢抱怨的人常常把抱怨当作表达情绪的一种方式，比如父母抱怨子女工作太忙太拼命，其实是想表达对子女的挂念；妻子抱怨丈夫不顾家，其实是希望他能多陪陪自己……可惜被抱怨的人并不总能听懂抱怨背后的情感，他们很容易将抱怨理解为批评、指责，然后针锋相对，最后演变成“战争”。

从某种角度上来说，抱怨只是为了让自己心安。这种抱怨是自私的，是将自己的压力强加于别人身上，强迫对方与自己一起分担，于是给别人也带来了不愉快的心理体验，而这样的人，必定是人人敬而远之的。

其实生活中的很多事情并没有你想象的那么糟，牢骚满腹者不妨转换一下心情，让乐观做主宰，心情肯定会好起来。

中国著名的国画家俞仲林擅长画牡丹。有一次，某人慕名要了一幅他亲手所绘的牡丹，回去以后，高兴地将画挂在客厅里。

此人的一位朋友看到了，大呼不吉利，因为这朵牡丹没有画完全，缺了一部分，而牡丹代表富贵，缺了一角，岂不是“富贵不全”吗？

此人一看也大为吃惊，认为牡丹缺了一角总是不妥，想请俞仲林重画一幅。俞仲林听了他的理由，灵机一动，告诉要画的朋友，既然牡丹代表富贵，那么缺一角，不就是富贵无边吗？

那人听了他的解释，觉得有理，又高高兴兴地捧着画回去了。

同一幅画，因为看的人不同，产生了不同的看法，这就是不同心态所起的作用。

生活中有许多人，不管面对什么样的困境，他们从来都不会说消极抱怨的话。相反，他们总能寻找希望和勇气，积极努力，战胜一切困难。同时，他们也能用轻松幽默的话语去诠释生活中的苦难，让人觉得和他们相处起来温暖又开心。我们应该向他们学习，停止抱怨，提升自己在人际交往中的魅力，让自己的工作和生活都能愉快地正常运转。

第五章

情商障碍（四）：过分依赖他人

1. 总是害怕一个人

人是社会动物，需要和人相处，但是日常生活中还有许多时候我们需要独处。独处是一种能力，古语有云："君子慎独。"一人独处的时候更能观察和了解自己，更能想清楚很多事情。不要惧怕和逃避独处，只有当你发现独处的好处之后才能真正地成长、成熟。

你是否也无法忍受孤身一人？无论是在生活中还是工作中，你不敢一个人做任何事，总要拉着别人一起，你才感到安心。吃饭、穿衣、出行，无论何时，只要没人陪伴，你就觉得惶惶不安。如果你是这样的人，那就说明你性格中有严重的依赖性。

每个人都有独处的时候，只要不影响正常生活和工作，独处没有什么坏处。相反，独处有时还会是一种精神上的享受，它能给你带来宁静的力量。独处是人的一项能力。美国超个人心理学代表性人物肯恩·威尔伯曾把一个人的社交分为三种状态：交心状态、半交心状态和不交心状态。他把独处分为充实性独处、匮乏性独处，及介于两者之间的状态。肯恩·威尔伯同时指出，一个人的生活质量取决于“交心状态”与“充实性独处”所占的比例。

由此可见，独处对一个人来说影响很大。

事实上，每个人都应有自己独立的空间。你过多向别人索求陪伴，也是在浪费别人的时间。时间久了，别人感觉到不自由，也会自动地远离你。如果长期以来，你害怕独处，不知道怎样改善这个问题，那么从现在开始，试着让自己学会面对。尽管这个过程可能会有些艰难，但只要你能坚持就一定会成功。

比如每次独处时，你可以先静坐一分钟，然后转向自己的内心，在心底默默地问自己：我在想什么？我现在想做什么？得到答案后，马上动手去做你想做的事，完成之后，给自己一点奖励，然后接着询问自己想做什么，继续去做，做完再给自己点奖励，以此类推。当时间不知不觉地过去后，你就会发现自己一个人也能做完很多想做的事，这会给你带来成就感，激励你继续享受独处的时光。

你还可以尝试一次短期的独自旅行，地点可以选择离自己很近的地方，比如近郊或相邻的城市，在这个过程中你可能会遇到无数的问题，但同时这也能锻炼你解决问题的能力。将这种能力迁移，你就能学会一个人面对生活。

记住，不要将独处等同于孤独，它应该是我们对内心的一种修炼过程。一个人只有愉悦了自己才能愉悦别人，为了让自己在与他人交往中显得有魅力，我们应该从内心深处明白独处的意义，学会独处，不依赖他人，做一个能独立面对生活的人。

2. 缺乏自理能力

有些人，虽已成年，但未成熟，说的就是那些已经年满十八但仍没有自理能力的人。也许你会问，不能自理和情商有什么关系呢？其实，自理能力和情商关系很大。如果一个人连自己都管理不好，又怎么能学会尊重和共情他人，和他人好好相处呢？古语有云："一屋不扫，何以扫天下？"正是这个道理。

曾经看到过一则新闻，说的是有个学生考取了录取率极低的某外国名校，但该学生一想到出国后没人给他洗衣，没人照顾他的生活就感到恐惧，最后只好放弃出国的机会。

小时候还听过这样一则故事：一对夫妇晚年得子，十分高兴，把儿子视为心肝宝贝，捧在手上怕摔了，含在口里怕化了，什么事都不让他干，以致儿子长大以后连基本的生活也不能自理。一天，夫妇要出远门，怕儿子饿死，于是想了一个办法，烙了一张大饼，套在儿子的脖子上，告诉他想吃时就咬一口。可是等他们回到家里时，却发现儿子已经饿死了。原来他只知道吃脖子前面的饼，不知道把后面的饼转过来吃。尽管这个故事讥讽且有些刻薄，但现实生活中类似的现象也不能说没有，特别是如今的很多家庭中，孩子都被父母、爷爷奶奶、外公外婆视为宝贝，其日常生活严重依赖亲人，长大以后生活自理能力极差。

依赖，是心理断乳期的最大障碍。随着身心的发展，你一方面比以前拥有了更多的自由度，另一方面却要担负起比以前更多的责任。而很多人因为缺乏生活上的自理能力，事事依赖他人，时间久了，这种依赖就转移到精神上，变成了现实生活中的“巨婴”。

小格最近感到很痛苦，因为相恋 6 年的男友和她提出了分手，理由是：我不想在每天工作压力这么大的情况下，还要照顾一个年龄 24 岁心理年龄却只有 4 岁的大孩子，这样的日子太累了。

小格和男朋友是在大学时认识的，小格是家里的独生女，从小衣来伸手饭来张口，虽然早就成年了，但自理能力很差。好在那时候大家都是学生，没有太大的经济压力，空闲时间也很多，所以男友还是有精力照顾她的。

大学 4 年间，男友几乎充当了小格的保姆，给她打饭，陪她买衣服，帮她洗衣服，替她管理生活费，放假时给她买车票送她回家……虽然男友有时也觉得小格这样下去不是办法，可每次一说让小格自己干点什么，她就眼泪汪汪，说自己不会，男友一次又一次地妥协了。

毕业后，男友和小格留在了同一座城市，而小格上班没多久，就觉得自己不大适应上班族的生活，辞职在家依靠父母给生活费度日，同时还保留着事事依赖男友的习惯：每天要给男友打无数个电话，让男友替自己拿主意看早餐、午餐吃什么；出去逛街看见了新衣服，让男友帮自己看看该买哪件；男友加班，她因为不敢一个人在家，刚开始在男友公司楼下等，被男友劝了几次之后，终于不在楼下等了，可每次当男友加完班后筋疲力尽地推开家门时，就会看见小格红着眼睛坐在沙发上，说自己害怕，不想一个人在家，而且这时候的她往往还没吃晚饭。

男友在外企工作，工作强度很大，压力也大，可是每天还要应付小格数不清的电话，替她安排日常生活中的一切琐事，平时偶尔休息，还要洗衣服、打扫房间，不然就要请家政替自己和小格收拾屋子。这样的生活让他不堪重负，最后，他直接对小格提出了分手。

很多像小格一样缺乏自理能力的人主要的表现就是缺乏自信，他们放弃了对自己的支配权，总觉得自己能力不足，甘愿置身于从属地位。有这种心理的人，总认为自己难以独立，时常祈求他人的帮助，处事优柔寡断，遇事指望身边的人能为自己做决定。具有依赖性格的人，如果得不到及时纠正，发展下去有可能形成依赖型人格障碍。依赖性过强的人，可能对正常的生活、工作都感到很吃力，内心缺乏安全感，时常感到恐惧、焦虑、担心，很容易产生焦虑和抑郁等情绪反应，影响身心健康。

那么，人为什么会在对别人的依赖中迷失自己呢？以孩子为例，对子女过度保护或专制的家长，一切为子女代劳，他们给予子女的都是现成的东西，孩子头脑中没有问题，没有矛盾，没有解决问题的方法，自然时时处处依靠父母。对子女过度专制的家长一味否定孩子的思想，时间一长，孩子很容易形成“父母对，自己错”的思维模式，将来走上社会也会觉得“别人对，自己错”。换言之，依赖使得他们失去了独立思考、独立行动、增长能力、增长经验的机会，所以也就无法找到自我。

如果你不想一辈子都依靠别人过活，就要试着改变、克服自己的依赖心理，可试着从以下几个方面着手：

（1）要充分认识到依赖心理的危害。要纠正平时养成的习惯，提高自己的动手能力，不要什么事情都指望别人；遇到问题要做出属于自己的选择和判断，加强自主性和创造性，学会独立地思考问题。毕竟，独立的人格要求独立的思维能力。

（2）要在生活中树立行动的勇气，恢复自信心。自己能做的事一定要自己做，自己没做过的事要多锻炼，正确地评价自己。

（3）丰富自己的生活内容，培养独立的生活能力。

（4）多向独立性强的人学习。多与独立性较强的人交往，观察他们是如何独立处理问题的，向他们学习。同伴良好的榜样作用可以激发你的独立意识，改掉依赖这一不良性格。

很显然，没有人能一辈子事事依靠他人，只知依赖他人的人非但不能解决问题，反而会让问题越积越多。不论是身体层面还是精神层面，缺乏自理能力只会让你成为一个人人嫌弃的“拖油瓶”，无法赢得别人的尊重与喜欢。

所以，如果你是一个自理能力很差的人，那就要尽早摆脱依赖心理，尝试着独立，只要你能下定决心并付诸行动，就能早日摆脱依赖性，成为一个散发自信与独特光芒的个体。

3. 喜欢人云亦云

总是人云亦云是没有独立思想和判断力的体现，也是怕出风头、一心想要融入集体的体现。有人问会，难道听从别人的意见，让别人选择有什么不好吗？我的答案是：是的。我们都希望自己的意见被尊重、被采纳，但是不喜欢和完全没有主见和观点的人交往，因为总是听到附和的声音会无趣、无聊。

生活中，一个人有独立思考能力是很重要的。历史上，凡是成大事者几乎都有勤于思考的习惯，他们总是善于发现问题、解决问题。从古至今，那些改变人类文明的科学技术、文化创造也都与人们的独立思考有关。

可以说，任何一个有意义的构想和计划都出自独立思考。能够独立思考的人遇事不会人云亦云，喜欢经过自己的思考后再做决定，而缺乏独立思考能力的人遇事则毫无主见，不愿自己动脑思考问题，凡事都喜欢附和他人的意见。

蒋虹是朋友中出了名的“应声虫”，大家之所以这么称呼她，是因为她平时无论做什么都毫无主见，别人说什么就是什么。在公司，开会时她从不发表意见，实在躲不过去就说我同意 ××× 的说法；平时大家出去玩儿，吃什么喝什么也全凭大家做主，她跟着选一样的就好；大家意见不统一时也没法让她做裁决，因为她最喜欢说的话就是“我都行”。这样的事情发生多了，大家就习惯性地无视蒋虹的个人想法。

有一次，大家约好一起去吃火锅，蒋虹有事要来得晚一些，因为平时吃饭蒋虹也几乎不发表意见，所以也没有人想到要事先问问蒋虹有没有忌口，就点了麻辣锅底。吃了一半，蒋虹才赶到，大家招呼她赶紧入座，可是当饿坏了的蒋虹急急忙忙提起筷子时，才发现桌子上是自己从来不吃的麻辣锅。蒋虹很委屈，头一次没有附和别人，说你们干吗不点鸳鸯锅，我从来不吃辣的啊。大家也都觉得很尴尬，因为一起出来吃过这么多次饭，别人的喜好大家都记得很清楚，唯独忽略了蒋虹，而且，因为习惯使然，也没人想到点菜之前要去问问蒋虹的意见。

其实，蒋虹被朋友们忽略的原因就在她自身，不是大家不关心她，而是她平日几乎没有主见的行为使得她的存在感极低，所以，没有人想起要征求她的意见。

事事顺从他人只会让你越来越软弱。要想让别人重视你、在意你，你就要学会珍视自己，把握自己的命运，挺起脊梁做自己力所能及的事，生命的价值自然会体现出来。

一个生长在孤儿院的男孩常常悲观而又伤感地问院长："像我这样没人要的孩子，活着究竟有什么意思呢？"

有一天，院长交给男孩一块石头，说："明天早上，你拿这块石头到市场上去卖。记住，无论别人出多少钱，绝对不能卖。"第二天，男孩蹲在市场的角落，意外地有许多人向他买那块石头，而且价钱愈出愈高。回到孤儿院，男孩兴奋地向院长报告。院长笑笑，要他明天把这块石头拿到黄金市场去叫卖。在黄金市场，竟有人开出比昨天高十倍的价钱要买那块石头。

最后，院长叫男孩把石头拿到宝石市场上去卖。结果，石头的身价比前一天又涨了十倍。因为男孩怎么都不卖，这块石头竟被传为“稀世珍宝”。

生命的价值就像这块石头一样，在不同的环境下就会有不同的意义。我们每个人不都像这块石头一样吗?

想要体现生命的价值，首先要做的就是学会独立思考，不人云亦云，这不仅是每个个体所需的能力，也是这个社会最为重视的能力之一。

比尔·盖茨从小就拥有独立思考的能力。在他小的时候，当母亲叫他吃饭时，他像没听到一样待在自己的卧室里不出来。母亲问他在做什么，他回答说在思考，甚至有时他还会反问家人：“难道你们从不思考吗？”

直到现在，微软公司还流传着这样一种说法：“和大多数人谈话就像从喷泉中饮水，而和盖茨谈话却像从救火的水龙头中饮水，让人根本应付不过来，他会提出无穷无尽的问题。”

可以说，比尔·盖茨之所以能取得巨大的成就，与他从小养成的善于思考的习惯是密不可分的。

那么，如果想提高自己的独立思考能力，不人云亦云，有哪些方法呢？我们可以参考下面的方法来练习。

（1）摆脱现成的答案。遇到问题的时候，不要习惯性地去书上或者网络上找现成的答案，而要强迫自己静下心来想想，尝试用自己的思维方式找到解决问题的方法。

（2）接受矛盾的观点。当自己想到了与以往不一样甚至有矛盾的观点时，要学会接受，并且去试着了解更深层次的东西，比如可以通过看书学习接触自己以前从未了解的领域。

（3）换个角度看问题。学会用欣赏的角度，或者从另一个角度看问题，把大脑里所有的想法都过一遍，最后再认真分析，得出自己理想的答案。

（4）接触不同的圈子。比如不要总去相同的场所吃相同的食物，不要总和相同性格的人来往，不要总看同一类型的书。试着接触不同的事物，给自己的大脑充电，学习新的知识。

除了上面讲的几点外，你还可以试着去发现和研究生活中别人忽略的问题，试着去找证据，通过大量的推理和分析，得出与他人不一样的结论。

从小处上说，独立思考不人云亦云能让你学会分析问题和解决问题，从而提高你的情商水平，让你身边的人更加喜欢你。从大处上说，它能让你渐渐地学会创新，比普通人更有竞争力，让你在职场和生活中都走得更远。所以，如果你有听从别人意见的习惯，那就应该立即行动起来，让自己早日成为一个有独立思考能力且不依赖他人的人。

4. 跌倒了，自己爬不起来

失败是成功之母。人生在世，没有人是一帆风顺的，所有人都会经历失败和挫折的痛苦。但是，一次失败不代表永远失败，只要我们吸取教训，勇敢地从跌倒的地方爬起来，就会有成功的一天。然而，生活中很多人一路失败，是因为他们自己先选择了不相信自己，待在跌倒的地方不肯起身，才失去了以后成长、成功的机会。

容易依赖别人的人对自己没有清醒的认识，遇到事情时，自己还没思考，就希望别人能帮忙出主意，这样的人一旦遇到较大的挫折，便容易被打倒，很难再从挫折中走出来。因为他们总是期待能有一双手把他们拉出来，期待有一个人能帮助他们，因为缺乏独立能力，他们不可能自己站起来，可他们却没有意识到，那双手、那个人不可能永远在你需要的时候出现。

一位农夫在野外受到兀鹰的攻击，秃鹰猛烈地啄着他的双脚，将他的靴子和袜子撕成碎片后，便狠狠地啄起农夫的肉。

这时有一位绅士经过，看见农夫如此鲜血淋漓地忍受痛苦，不禁驻足问他："为什么要受兀鹰啄食呢？"

农夫回答："我没有办法啊。这只兀鹰刚开始袭击我的时候，我曾经试图赶走它，但是它太顽强了，差点抓伤我的脸颊，因此我宁愿牺牲双脚。啊，我的脚差不多被撕成碎片了，真可怕！"

绅士说："你只要一枪就可以结束它的生命呀。"

农夫听了，尖声叫嚷："真的吗？那么你助我一臂之力好吗？"

绅士回答："我很乐意，可是我得去拿枪，你还能支撑一会儿吗？"

在剧痛中呻吟的农夫强忍着撕扯的痛苦说："无论如何，我会忍下去的。”

于是绅士飞快地跑去拿枪。但就在绅士转身的瞬间，兀鹰突然飞起，在空中把身子向后拉得远远的，以便获得更大的冲力，接着它如同一根标枪般，把它的利喙刺向农夫的喉头并深深插入，农夫未能等到绅士的救援就倒地身亡了。

这个故事告诉我们，不要等别人解决你的痛苦，只要愿意，你完全可以自己解决痛苦。你是自己命运的主人，抱怨和忍耐都是徒劳的。只要你想摆脱，就一定有办法，可能是你还没有找到罢了。

我们先来看一个人的简历。

1818 年（9 岁），母亲去世。

1831 年（22 岁），经商失败。

1832 年（23 岁），竞选州议员落选。同年，工作丢了。想就读法学院，但未获入学资格。

1833 年（24 岁），向朋友借钱经商。同年年底，再次破产。接下来，他花了 16 年的时间才把债还清。

1834 年（25 岁），再次竞选州议员，这次他赢了。

1835 年（26 岁），订婚后即将结婚时，未婚妻死了。

1836 年（27 岁），精神完全崩溃，卧病在床 6 个月。

1838 年（29 岁），争取成为州议员的发言人，没有成功。

1840 年（31 岁），争取成为选举人，落选了。

1843 年（34 岁），参加国会大选，落选了。

1846 年（37 岁），再次参加国会大选，这回当选了。

1848 年（39 岁），寻求国会议员连任，失败。

1854 年（45 岁），竞选美国参议员，落选。

1856 年（47 岁），在共和党内争取副总统的提名，得票不足 100 张。

1860 年（51 岁），当选第 16 任总统，成为美国历史上最伟大的总统之一。

熟悉世界史的人对这份简历大概不会觉得陌生，没错，拥有这份简历的人就是林肯。为什么林肯即使遭遇那么多挫折，也依然能取得成功呢？其实，就是因为他意志坚定，相信自己，不管遇到什么磨难，都不会被打倒。

人活一世，每一个人都经历过失败，只有经历了失败，才会变得成熟，才能学会成长。从某种意义上说，你所经历的失败并不是真正意义上的失败，只有被失败打倒且再也站不起来，才叫真正的失败。

泰戈尔曾经说过：“顺境也好，逆境也好，人生就是一场对种种困难无休的斗争，一场以寡敌众的战斗。”这提醒我们，要勇敢面对人生的风雨，不能因为一时的逆境就裹足不前。

记得一本杂志曾经刊登过这样一则故事：

甲、乙、丙三人约好一起去登山。甲在刚刚起步时就放弃了，因为他觉得太累了。而乙呢？在中途放弃了，他的理由和甲一样，说又累又苦，早放弃早轻松。

只有丙一个人坚持着，经过无数的努力后，他成功登上了山顶，很开心地看到了最美的风景！

第二天，三人相遇了，甲和乙问丙：“你是不是后来也放弃了？”丙笑着回答：“我没有放弃，我咬牙坚持爬到了山顶！”

甲和乙听后嘲笑丙，说他真笨，与其去爬山还不如在家吃冷饮、看电视。丙笑着没有说话，但心底却说：虽然登山的过程有些辛苦，但是山顶最美的风景却是你们永远也看不到的！

这则故事告诉我们这样一个道理：只有看准目标，咬牙坚持，通过持之以恒的努力，才能看到最美的风景！

同样的道理，生活也好，事业也罢，不管在哪个领域，你只有坚持不懈，不半途而废，才有可能成功！

情商高的人都有着强大的自我激励能力，他们往往能够依据活动的目标，调动、指挥情绪，使自己无论面临怎样的困境都能鼓起勇气，走出生命中的低潮，迎来最后的胜利。

“锲而舍之，朽木不折；锲而不舍，金石可镂。”挫折，就是上天给你的礼物。只要你能接受这个礼物，勇敢地跨过当下的难关，那么等待你的一定就是美丽的彩虹。相反，如果你遇见挫折时被轻易击败了，一蹶不振，那么成功就注定与你无缘了。

你要坚信一个道理：“世上无难事，只要肯登攀。”在追求成功的路上，就算摔倒无数次，跌倒无数次，也要拍拍身上的泥土，不顾疼痛，擦干眼泪，继续拼搏！只有这样，你才有成功的机会，也只有这样，你才能勇敢战胜懦弱的自己，成为意志坚定的强者。

第六章

情商障碍（五）：不会为人处世

1. 嘴巴比性格还“豪爽”

生活中，有些人一张嘴就让人喜欢，让人无法不对他生出好感；但是有的人一张嘴就令人反感，招人讨厌。你有没有想过这是为什么？事实上，谈吐直接显示出一个人的性格、修养和知识水平。说话经常不被人喜欢、一张嘴就出问题，有很大可能不是口才的问题，而是更深层次的问题。如果这件事困扰着你，不如从这个角度想想看。

一般来说，情商通常包含以下方面的内容：自我觉察能力、情绪控制能力、自我激励能力、控制冲动能力以及人际公关能力。而情商低的人，往往在上述几项能力中评分较低，甚至不具备这些能力。心理学家调查发现，情商低的人至少缺乏两样能力：无法清楚认知他人情绪的能力和不善于协调人际关系的能力。正因如此，他们往往不懂得照顾别人的情绪，常常由着自己的性子，不分场合、不分对象地乱说话，甚至得罪了别人，自己也不知道。

张姐是单位新来的运营，她跟同事自我介绍时说自己是一个豪爽的人，结果没多久大家就发现，张姐这个人还真是“豪爽”，只不过豪爽的是她的嘴巴，而这一点也让同事很反感。她刚来不久，同事们就发现她经常在别人面前乱说话，发表一些别人听后很不舒服的言论。

比如同事玩游戏玩得开心的时候，她会说：“幼不幼稚啊？你几岁了还玩这么无聊的游戏？”同事打算去某地旅游，正在兴致勃勃地做攻略，她却凑上去说：“那地方没意思，根本没什么好看的，去了也是浪费时间……”总之，无论别人说什么，她都会站出来打击别人，讲出一连串理由来，仿佛她无所不知，别人什么事情都要听她的才行。

但实际上不管她说得对不对，大家都不想听，只要一看到她出现，大家就一定会躲得远远的。在她看来，只有她喜欢的才是“有意思的”，别人喜欢的都是“没意思的”。所以同事们都觉得和她的思维不在同一水平上，与她交流犹如对牛弹琴。

人与人交流，最重要的是彼此间能有共鸣。你说的我能懂，我说的你也懂，我们互相把内心的话真诚地讲出来，共同探讨，共同愉悦，这才是沟通的价值所在。如果别人与你交流感受不到温暖和快乐，谁还会浪费时间，与你多费口舌呢？别人是来跟你分享一件事情，不是要跟你讨论什么大道理，你随口一句话，毫不负责地就把别人付出的心血给抹掉了，他会感到开心吗？这样的交流，换作是你，你会喜欢吗？

每个人的价值观不同，生活经验也不同。有些事情在你看来觉得没意思，可在别人看来却非常有趣。所以，与人交流相处时得尊重和理解别人，不能随意贬低别人的喜好。毕竟，兴趣爱好没有高低贵贱之分。

当然，情商低的人在生活中还存在这样一种情况，经常歪曲别人的意思，误以为别人是在向自己炫耀，于是一定要压制住对方。比如：别人跟他分享了一件事，他却要说出另一件事来跟别人比，一定要胜过别人，让别人尴尬，他才肯罢休。

我们常常会发现身边有这样的人，当你跟他说“这家餐厅的装修真雅致舒服”时，他立刻回你：“这算什么，隔壁那家装修得更好，光是装修费就花了几百万呢。”

你高兴地跟他说：“我前段时间去泰国旅游了，是一场回味无穷的旅行。”结果他回道：“你才去一个国家就很满足了？我都去了七八个国家旅游了呢！”

你看，你和他分享一件事，本来只是想分享一下心中的喜悦，但他却感觉到自己受了伤，不能平静地对待，需要立刻拿另一件事来压你。

“话不投机半句多”，与这样的人说话会让你原本的好心情瞬间荡然无存，即使你还有很多话要说，都会硬生生地吞回去。

试想一下，如果你一开口就让人不舒服，谁会喜欢你呢？

当别人在和你说话时，你恨不得告诉所有人你见过世面，要抢别人的话题，要暗示别人“没见过世面”，把别人的自尊心不当一回事，那别人打心底里不待见你，也只能怪你自己了。

无论何时，我们都该记住，与人交流的第一要点就是要尊重别人。就算你真的很厉害、很聪明，也不该炫耀，而是要抱着倾听、吸纳的心态去与人交流，这既是因为“尺有所短，寸有所长”，也是因为没人喜欢被别人蔑视的感觉。当你说什么话都透露着一股“别人都是废物”的味道时，你再怎么聪明和优秀，别人都没有兴趣听下去。

总之，生活中要想拥有好人缘，就得从说话开始下功夫，要时刻提醒自己，尊重对方，不要不分场合乱说话。只有在与他人交流时让人感受到你的友好，对方才会有继续和你交流的欲望。

2. 对别人的生活指手画脚

总有些人自负见解不凡、能力突出而好为人师，喜欢对家人、同事、朋友的生活指手画脚。他们最喜欢用的句式就是“我觉得你应该怎样 ”。如果你也有这种问题，那么要警惕了。每个人都有自己的生活方式、看法和偏好，世界没有统一的标准，别人想的和你想的不同，别人未必就是愚蠢的、错误的。不对他人的生活指手画脚，会让你更讨人喜欢。

每个人的人生都是独一无二、不可复制的，大家经历不一样，体会也不一样。你喜欢的，可能正是对方所讨厌的，反之亦然。

事实上，没有人能够真正对别人的生活做到感同身受，你觉得理所应当的事情，在别人看来也许是个困难的挑战。所以，不能在不了解实际情况的前提下，就不分青红皂白地对别人指手画脚，对他人的生活指指点点。然而，生活中一些情商低的人，往往就会犯这样的毛病：他们想当然地认为自己能够理解别人所说的，然后高高在上地对别人说三道四。

你说你马上 30 岁了，再不为梦想努力就永远没有机会了，他会对你说："都 30 了还谈什么梦想，多幼稚，不赶紧结婚生孩子你这辈子都没指望了。"你决定彻底放弃花心的前男友，重新开始新的人生，他会对你说："不就是你几次打电话'查岗'时他没接你电话吗？当时我可都看见了，你能不能不闹大小姐脾气，像他这么有钱又能忍你的男朋友以后上哪找去？"

他们的脑海里保留着太多的人生准则，他们自己用那些准则过得好，就想着拿来约束你，可是他们从一开始就不了解你内心真实的想法。

有句话说得好："己所不欲，勿施于人。"可惜，情商低的人不明白这个道理，他们总容易用自己的标准去看待别人的事，殊不知这样并不是为别人好。

有这样一则故事。

一个流浪汉看到寺庙里的菩萨坐在莲花台上被众人膜拜，非常羡慕。他问菩萨："我可以和你换一下吗？"菩萨回答说："只要你不开口就可以。"于是流浪汉坐上了莲花台。

有一天，寺庙里来了个富翁。富翁求菩萨赐给他美德，等他磕完头离开后，他的钱包掉在了地上。流浪汉本想开口提醒，但他想起了菩萨的话就闭上了嘴巴。

接着来了个穷人，穷人对菩萨说家里人生病了，需要钱治病，希望菩萨能赐给他一笔钱。正要离开的时候，穷人发现了地上的钱包，他高兴地捡了起来，还笑着说菩萨显灵了。流浪汉想开口说清情况，但他想起了菩萨的话，还是没有将事实说出来。

这时，进来了一个渔民。渔民求菩萨保佑他出海安全，能平安归来。他刚要走时，被再次进来的富翁揪住。

富翁认定是渔民捡走了钱包，因此和渔民争吵起来，而渔民觉得受了冤枉无法容忍，两人扭打起来。流浪汉再也看不下去了，他大喊一声："住手！"然后把事情的真相告诉了他们，富翁和渔民这才停止了打斗。

流浪汉问菩萨自己做得是否正确，菩萨对流浪汉说："你还是去做流浪汉吧。你以为自己很公道，但是你开口说清事情的真相后，穷人没有得到那笔救命钱，富人没有获得美好的品德，渔夫出海赶上了风浪葬身海底。相反，如果你不开口，穷人家人的命有救了，富人损失了一点钱但帮别人积了德，而渔夫因为没有被纠缠而正常赶海，躲过了风雨，至今仍能活着。"

流浪汉听完菩萨的话后，默默离开了寺庙。

这则故事告诉我们：有的时候，你看到的和你想到的并不一样，你贸然开口，最后的结果并不一定如你想象的那般美好，更何况是你对别人的说教呢？

艾嘉结婚的时候，起初身边的人都对这段婚姻不看好，因为在大家看来，艾嘉是个标准的白富美，长相甜美，身材高挑，家世也不错，应该找个门当户对的丈夫才对，可是偏偏她要嫁的是一个一穷二白、出身农村的人。

所有的朋友都说她肯定是脑子进水了，邻居更是七嘴八舌地劝她，说现在后悔还来得及，等以后生了小孩就真的分不开了。

可如今 5 年的时间过去了，艾嘉和自己的丈夫一起创业，事业做得红红火火，生活越来越富足，两人在城市里的黄金地段买了房子，还生了一个活泼可爱的女儿，夫妻二人的感情一如新婚时恩爱有加。当年不看好他们婚姻的人，现在都禁不住对他们夸奖。

艾嘉说："他们当年总觉得我会过得不好，可其实一个人的生活过得好不好，不是由别人说了算的。幸福的感觉都是自己的，与别人无关。"

是的，每个人的生活都是自己的，所以我们不该打着"为你好"的幌子随意对他人的生活指手画脚。因为很多时候，你看不到别人的与众不同，也就不懂得尊重别人的与众不同。当你还不了解别人的生活，就开始指手画脚的时候，对对方而言，往往是有害无益的。更何况，人与人交往，只有平等的交流才最令人舒心，如果你总喜欢以人生导师的身份去对别人的生活进行说教，只会让别人觉得不舒服，别人也就没有继续和你交谈的兴趣。

看看身边那些情商高的人，你会发现，他们不会随意插手别人的生活。相反，他们会充分尊重别人，当然，当别人在生活中遇到困难时，他们也愿意伸出援手，但绝不是强硬地干涉。

而很多情商低的人总会犯一个毛病：拿自己眼中的幸福来作为衡量别人幸福与否的标准。一旦他所看到的跟他的标准不符，就认为别人不够幸福，生活不够完美。可是，不要忘了，还有句话叫作“子非鱼，安知鱼之乐”。

不要随意评价别人的生活，因为那是别人的生活，不是你的；不要随意干涉别人的生活，因为那是别人选择的路。当别人决定在自己的生活里安心享受一切的时候，你应该在心里默默地祝福，而不是因为这种生活在你看来不够完美就随意批评。要记住，不对别人的生活指手画脚，是人与人交往的基本准则。

3. 错的永远都是别人

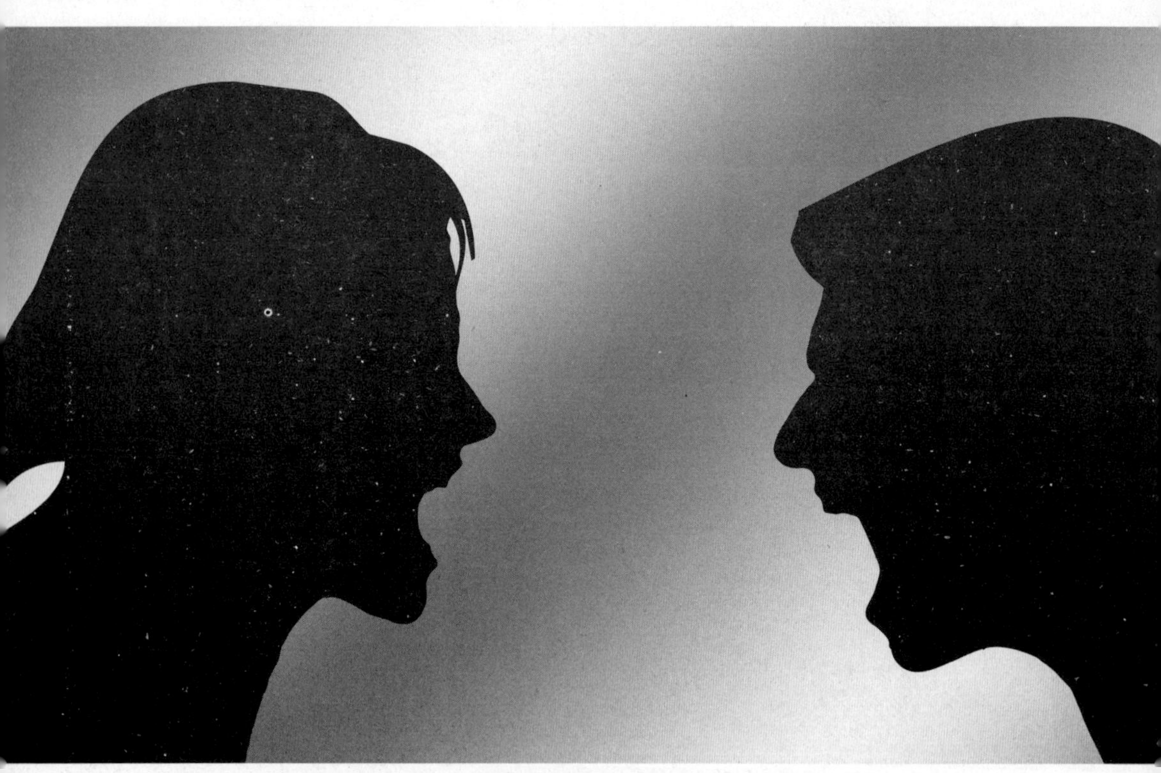

躲避责任是人类的本能，当一件不好的事情发生时，人们习惯于把过错归咎于他人，而非自己。可以说，人们成长的过程就是一个学会勇于面对过错和承担责任的过程。如果一个人总是说“错的都是别人”，绝不是因为他倒霉，而是他还没意识到自己的问题。

每个人都喜欢和有主见、有担当的人相处，因为和这样的人相处能有安全感。但是不能忽略的是，生活中总有这样一种人，如果有了好事，他会乐意和你分享；而一旦事情出乎意料地变成坏事，需要承担责任，他们就开始推卸责任，说与自己毫无干系，都是别人的错。

习惯推卸责任的人大致分两种类型：第一种是胆子小，比较自卑，不敢担负责任；第二种则是纯粹的自私，为了维护自己的利益，而不择手段地逃避其应当承担的责任。不论是哪种类型，其心理状态都是不健康的，习惯性推卸责任的人也往往是不受人欢迎的。

逃避自己理应承担的责任和义务，就会受人指责，就会失去更多的朋友。生命是一种责任，谁逃避责任，谁就会被命运捉弄。谁拒绝承担组织和团队中的责任和义务，谁就会被淘汰出局。

大家可能都听过“三个和尚没水喝”的故事。

从前有座山，山上有座庙，庙里有个小和尚。他每天挑水、念经、敲木鱼，日子过得安稳、自在。

后来，庙里来了个新和尚。小和尚叫他去挑水，新和尚心想一个人去挑水太吃亏了，就要求小和尚和他一起去。两个人只抬一只桶，而且水桶必须放在担子的中央才心安，但不管怎样，总算还有水喝。

再后来，庙里来了第三个和尚。他也想喝水，但缸里没水，小和尚和第二个和尚叫他自己去挑，第三个和尚也确实去了，但只挑了够自己一个人喝的量，回来之后马上全部喝完，一点儿都没剩下。

其他两个和尚知道了很生气，但谁也不愿再去挑水，都觉得这不是自己一个人的责任，你不去我也不去，干脆大家都没水喝。从此，三个和尚各念各的经，各敲各的木鱼，菩萨面前的净水瓶也没人添水，花草都枯萎了。

有一天晚上，老鼠来偷吃东西，把烛台上的蜡烛打翻在地，寺庙立刻燃起大火。三个和尚从睡梦中醒来，想要用水灭火，却发现庙里一点水都没有。三个人急忙奔向河边，接力似地挑来一担担水，最后在三人合作之下，大火终于被扑灭了。这时，他们才醒悟过来，之前他们的做法是不对的。此后，三个和尚齐心协力，共同去挑水，不再为谁多承担了责任而斤斤计较，终于大家又过上了安稳的日子。

三个和尚因为互相推卸责任，结果谁都没有水喝，不仅如此，危机来临时还险些酿成大祸。这说明，推卸责任表面上看似能让自己落得清净，得到一时的好处，可从长远看，只要你还是社会人，还是团体中的一员，迟早也会对自己的利益造成影响。

说到底，现代社会中人们的联系更加紧密了，没有人是一座孤岛。只有大家互相合作，密切来往，才能取长补短，办起事情来才能顺畅自如。

事实上，那些勇于承担责任的人，总会令我们肃然起敬，让我们发自内心地喜爱。

20 世纪初，有位叫弗兰克的意大利人，经过多年的努力拼搏，用积蓄开办了一家小银行。他把银行经营得很好，眼看就要步入梦想中有钱人的生活了，可谁知飞来横祸，银行遭到歹徒的抢劫，弗兰克瞬间破产，储户失去了存款，银行也被迫倒闭。而当弗兰克从打击中再次站起来，打算带着妻子和四个儿女从头开始的时候，他做出了一个惊人的决定，那就是要偿还储户们加起来堪称天文数字的存款。

身边的人都劝他说："你根本不需要这么做，这件事你是没有责任的。"但他却认真地回答："也许在法律上我没有责任，但在道义上我有责任，我觉得自己应该还钱。"

虽然偿还这笔钱的代价是整整 30 年缩衣节食的艰苦生活，但他的家人一直都支持他，当他将最后一笔"债务"还清时，身边的人无不钦佩他的坚持与担当。

有人问他，你把所有钱都拿来“还债”了，那你的孩子怎么办？你什么都没给他们留下。他笑着说：“怎么没有？我给他们留下了一笔真正的财富，那就是：无论怎样，都要勇于承担责任。”

人生在世，孰能无过？从出生时起，你就在与周围的世界产生互动。环境会对你产生影响，你也会对周围的事物产生影响。生而为人，只要有主宰自身行为的能力，就应该为自己的行为负责。你做出的决定，也理应受到相应的责备与赞扬。

如果你是一个见到责任就推卸且没有担当的人，别人和你交往时就会觉得你自私自利，不够真诚，自然无法建立起良好的人际关系。一传十，十传百，等大家都知道你的为人后，你的朋友只会越来越少，更别提真心相待了。

生活中的责任处处存在，我们应该勇于承担自己该承担的责任，只有有担当、有责任心的人，才是别人眼中值得交往的人，也只有这样的人，才可能拥有良好的人际关系。

4. 缺乏同理心，不懂换位思考

缺乏同理心的人，总是表现得很冷漠。他们不懂得站在别人的角度考虑问题，遇事更不会将心比心、换位思考。有时即便是很小的一件事，他们也不愿意伸手去做。事实证明，缺乏同理心对工作和生活都有很大的影响。

心理学上有个词叫同理心，也被称为“感情移入”“神入”“共感”“共情”“移情”。通俗来讲，同理心指的就是设身处地地对他人的情绪和情感的认知性的觉知、把握与理解，主要体现在情绪自控、换位思考、倾听能力以及表达尊重等与情商相关的方面。

同理心其实是一种能够设身处地为他人着想，想人之所想的思考方式。在人际关系中，有没有同理心是很重要的。情商高的人大多具有很强的同理心，也就是说他们能够换位思考。在与他人相处的过程中，他们总是能站在别人的角度，去体会别人的情感，说出让人感到温暖的话语。

有则经典的故事。

妻子正在厨房炒菜，丈夫却一直在旁边唠叨个没完：“你注意了，小心呀！火太大了。赶快把鱼翻过来，油放得太多了！”

妻子刚开始还忍着没有说话，可后来她实在忍不下去了，便脱口而出：“我是家庭主妇，我自己知道怎样炒菜，用不着你来指手画脚。”

丈夫听后得意地笑了，说道：“我只是要让你知道，我开车时你在旁边喋喋不休，我是什么样的感觉。”

由此可见，生活中，我们只有多站在对方的立场去体验和思考问题，才能与对方在情感上沟通。可以说，它既是一种理解，也是一种关爱！

古往今来，从孔子的“己所不欲，勿施于人”到《马太福音》中的“你们愿意别人怎样待你，你们也要怎样待人”，不同地域、不同种族、不同文化的人们，都被教导要懂得换位思考。其实，很多时候，换位思考不仅能成全别人，也能成全自己。

有一个农夫整日在田间劳作，他感到非常辛苦。他每天去田里时都要经过一座庙，每次都能看到一个和尚坐在山门前的一棵大树下乘凉，农夫很羡慕，觉得和尚的生活肯定轻松舒服，以至于他也动了出家的念头。

一次，农夫把自己的决定告诉了妻子，说自己想到庙里做和尚，过轻松的生活。善解人意的妻子听后没有反对，只是对他说：“出家做和尚是一件大事，需要慎重考虑，我明天开始和你一起到田间劳动，一方面向你学习做农活，另外帮助你尽早把农活做完，好让你早些到庙里去。”

从此，夫妻两人早上同出，晚上同归，开始在田里一起干农活。过了一段时间，田里的农活也完成了。

妻子帮丈夫收拾好行李，亲自送他到庙里。庙里的和尚听了事情的原委后，对他们说："你夫妻俩每天早出晚归，一起在田里做农活，成天有说有笑、恩恩爱爱的，我羡慕得已经下决心还俗了，怎么你反而来做和尚呢？"

在农夫看来，寺庙里的和尚是很幸福的，而他自己的生活很苦；而在和尚眼里，夫妻二人才是幸福美满、令人羡慕的。他们彼此都站在自己的角度看待对方，却从未想过，如果换个角度，站在对方的立场上看，其实自己已经过得很幸福了。

在人际交往中，假如我们能多站在他人的立场去思考问题，彼此之间就能多一些理解，人与人之间的关系也会更近。不仅如此，宽容这一美德，也始于换位思考。因为如果你能站在对方的立场上考虑问题，看问题时就会显得比较客观、公正，可防止主观、片面，对人也不会过于苛求，更容易变得宽容。

在现实生活中，许多人看事情的角度都会被固有的、片面的思想所限制，不能全面、正确地理解事物，以致产生偏见，做出错误的决定。而此时，如果能换位思考，就会有很大的不同。站在对方的角度去思考问题，能让你重新审视自己，从而看清自己忽略的细节。

所以，为了让自己能保持理智，遇到事情能做出正确的决定，我们就要随时提醒自己，与人相处时不可自以为是，而是要多换位思考，站在别人的角度想问题。给别人一个机会，同时也是给自己一个机会。

5. 贬低别人抬高自己

没有人喜欢被人贬低。在日常交往中，我们不仅要尊重自己，更要尊重他人。刻意贬损别人以抬高和炫耀自己，并不会让其他人觉得你优秀、出挑，相反，别人会认为你是个没有礼貌、不懂尊重、骄傲自大的人。这一点在日常生活中尤其要引以为戒。

孔子说："益者三友，损者三友。友直、友谅、友多闻，益矣。友便辟、友善柔、友便佞，损矣。"后者便是现在我们经常提到的"损友"这个词的由来。按照孔子的说法，惯于走邪道的人、善于阿谀奉承的人、惯于花言巧语的人都该被归类为损友；而到了现代，损友的范围和标准已被大大扩展了，如果你身边有喜欢打击你甚至贬低你借以抬高自己的朋友，那毫无疑问，这类人也是"损友"。

其实不只是损友，生活中有些人即使与别人的关系并不亲近也喜欢贬低对方以彰显自己。

凌凌是个22岁的漂亮女孩，性格开朗、爱说爱笑，可是她的朋友却很少，就连同事也不喜欢她。原因就在于，凌凌总喜欢贬低别人，以此来彰显自己。

一次，同一办公室的李姐穿着新买的连衣裙上班。李姐身材微胖，但这件连衣裙却很适合她，大家纷纷夸她的裙子漂亮，衬得身材很好，可凌凌一看见李姐，张口就说："李姐，你怎么又买这种颜色的裙子了，你那么胖，穿这颜色看着简直就是大妈啊，这颜色也就我这年纪穿穿还行吧。"李姐的笑容顿时僵在脸上，同事觉得气氛很尴尬，于是替李姐解围，说："这颜色很好啊，这是A牌经典款，主打就是这个颜色呢！"谁知凌凌继续说："A是什么牌子，听都没听过。哦，是国内的牌子吧？我跟你说，这种颜色国内的牌子就没有做得好看的，你们看见我上周穿的那条裙子没有，也是这个颜色，是国际品牌，国内牌子跟它比起来简直抹布都不如。”听到这话，李姐的脸彻底沉了下来，大家也都觉得凌凌话说得太难听了。

办公室的女同事喜欢化妆，于是建了一个聊天群，没事时喜欢交流一下护肤心得或新发型，凌凌本来也在其中，可没过多久，大家就把她拉黑了，因为凌凌在群里最常说的话就是：“你这新发型做得还没我买的假发戴着好看呢。”“你们居然还在讨论去哪买这个乳液合适，这么烂大街的牌子你们还在用啊！”“冯姐你这个眼妆化的，还不如我不化妆时好看呢！”……

不只是对熟悉的人这样，即使在陌生人身上，凌凌也总能找到自己的优越感。

一次，凌凌的男朋友带她去参加朋友聚会，朋友介绍自己的女朋友小许给他们认识，大家寒暄了几句坐下聊天，凌凌就问小许现在在做什么工作。小许说自己现在还没工作，正在读研。凌凌接着又问小许大学是哪里的，小许说了一个学校名，凌凌马上恍然大悟地说：“哦，我知道了，那个三本学校啊。”凌凌的男朋友怕她接着说出什么不好听的话来，马上接道：“那小许很厉害啊，本科学校虽然不那么出名，但是依然能考上研究生。”小许的男朋友也一脸赞同地说：“是啊，我也觉得她很厉害，她们学校她那一届只有她一个人考上了重点大学的研究生。”谁知，凌凌马上说：“跟你们说，考不考研都没有用。以后毕业找工作人家还是看本科的学校，你那个三流大学真的拿不出手，你看我本科是 ×× 大学的，一本，所以不用考研都能轻松找个好工作。”最后聚会不欢而散，凌凌的男朋友也责怪她说话太难听。

喜欢贬低别人的人大都有和凌凌相同的特点，那就是他们说的话除了要打击对方，还要显示自己的优秀。但实际上，在别人看来，他们的这种做法只会让人觉得他们不懂得尊重别人，因此对其产生反感心理。

朋友肖眉说，有一天她去一家水果店买水果，当时，她看中了店里的一种苹果，问好了价钱，正打算买，结果老板一边卖力推销自己的水果，一边对她唠叨：“你在我家买是最划算的。你别看这附近的水果店多，但都又贵又不好吃，而且他们的秤都不准，总是骗人……”

还没听老板把话说完，肖眉就转身离开了。肖眉后来说，当时我心里就想："你家的水果好就好吧，干吗非说别人家的不好呢？本来留给我的那点好印象也被你弄没了。"

在生意场上如此，与人交往也是如此。靠诋毁别人来显示自己，不仅不会给自己带来好处，反而会自毁形象！

人们常说，将自己的快乐建立在别人的痛苦上是不道德的，哪怕你觉得自己只是在开玩笑，娱乐一下气氛，但别人却未必这样觉得，反而会觉得你是个内心阴暗、不尊重他人的人。

尊重他人是一种美德，在与他人交往中记住这一点尤为重要。你可以不如别人优秀，不如别人耀眼，但一定要记得尊重别人，因为只有这样，你才有可能赢得别人的尊重。

第七章

高情商的修炼与表达

1. 学会管理，我的情绪我做主

常有人说，真正的自由是情绪自由，这句话说的是情绪控制的不易和必要性。生活中的很多事我们都无法做主，但是如果我们有意识地去学习和练习，是可以做自己情绪的主的。我们可以看到，那些知名的成功人士通常都是管理情绪的高手，他们总是和颜悦色、不会轻易地生气和难过。如果你想要成为高情商的人，一定要先学会管理情绪。

如果你注意观察身边的人和事，会发现生活中情商高的人往往拥有情绪管理的本领。明明前一秒他们还处于无比生气、烦恼的状态，下一秒他们就能转怒为笑，开心地和别人说话，仿佛刚才的不愉快没有发生一样。

这就是情商高手与众不同的地方。

什么叫情绪管理呢?

情绪管理，是指通过研究个体和群体对自身情绪和他人情绪的认识、协调、引导、互动和控制，培养驾驭情绪的能力，从而确保个体和群体保持良好的情绪状态，并由此产生良好的管理效果。现代工商管理教育如MBA、EMBA等均将自我情绪管理视为领导力的重要组成部分，这同时也是情商的重要组成部分。

情绪实际上是人对客观现实的一种特殊的反映形式，是对客观事物是否符合自己需要而产生的心理体验。

拥有良好、积极的情绪，会对事业乃至生活都产生事半功倍的效果，而整日被不良、消极情绪困扰的人则通常处于郁郁寡欢、一事无成的状态。更为严重的是，如果长期被不良情绪影响，心情就会郁闷，就会对生活失去信心，最后还可能患抑郁症等心理疾病。

因此，学会情绪管理是十分必要的。

其实阻碍我们成功的，往往不是缺乏机会，而是缺乏对自己情绪的控制。愤怒时，不能控制，会使周围的合作者望而却步；消沉时，放纵自己颓废萎靡，会白白浪费很多来之不易的机会。

拿破仑曾说过，能控制好自己情绪的人，比能拿下一座城池的将军更伟大。

心理学专家研究发现，人的情绪同其他一切心理活动一样，主要是由神经系统操控，大脑皮层和皮层下的边缘系统，组成了一个复杂的神经网络，来控制情绪的生成和表达，这就决定了人能够主动地控制和调节自己的情绪，可以用理智来驾驭情绪，使自己的情绪逐渐成熟起来。

我们的情绪会跟随每日的生活而有波动，无论是正面情绪还是负面情绪，都会对我们造成各种影响。尤其是不良情绪，它不仅会消耗我们的精力，还会破坏原有的好心情，让我们在做其他事情时感到力不从心，甚至失去许多好机会。

因此，我们必须学会控制和化解自己的不良情绪，只有这样，我们的生活才能充满生机，我们也才能健康地成长。

说到情绪管理，就不得不提“情绪 ABC 理论”。

情绪 ABC 理论是由美国心理学家埃利斯创建的。他认为人的消极情绪和行为障碍结果（C），不是由于某一激发事件（A）直接引发的，而是由于经受这一事件的个体对它不正确的认知和评价所产生的错误信念（B）直接引起的。

其中字母A是英文Activating event（激发事件）的缩写，字母B是英文单词Belief（信念）的缩写，字母C是英文单词Consequence（行为后果）的缩写。

埃利斯认为，正是由于我们常有的一些不合理的信念才使我们产生情绪困扰。不合理信念包括：绝对化的要求、过分概括的评价、糟糕至极的结果。

其中，“绝对化的要求”就是指以自己的意愿为出发点，认为某事必定发生或不发生。例如，“我必须成功”“别人必须对我好”。

“过分概括的评价”是一种以偏概全的不合理思维方式的表现，它常常把“有时”“某些”过分概括化为“总是”“所有”等，比如有些人遭受一些失败后，就会认为自己“一无是处、毫无价值”。

“糟糕至极的结果”，认为如果一件不好的事情发生，那将是非常可怕和糟糕的。例如，“我个子不高，一切都完了”“我没考上研究生，不会有前途了”。

情绪 ABC 理论告诉我们，要想管理好自己的不良情绪，就要在不良情绪发生的时候，改变不合理的信念，让大脑接受正确、积极的信息，如此一来不良情绪自然会烟消云散。比如在碰到棘手的事情、情绪非常糟糕的时候，我们可以问自己："我对这件事的理解是否正确、是否客观、是否全面？"相信你在进行一番理性分析后，一定可以走出情绪的困境。同时，我们要学会积极处理负面情绪。当感到压力巨大时，要告诉自己："没什么了不起，自己一定能度过眼前的危机。"

当遇到一些无法避免的消极情绪的时候，我们可以用如下方法应对：

（1）注意转移法。

当你感到悲伤、忧愁、愤怒的时候，可以进行积极地转移，比如说主动去找好友聊聊天、谈谈心事，也可以选择找一些自己喜欢的书来阅读。如果你能够在不愉快的情绪产生之时就立刻将精力转移他处，不良情绪在你身上停留的时间就会很短。

（2）合理发泄法。

一味将不良情绪压在心底并不好，你可以选择用合适的方法将不良情绪发泄出去。比如当你发怒时，尽快离开那个地方，让自己换个环境，当你把累积的负面能量释放出来后，好心情就会慢慢回来。

（3）目标升华法。

此种方法就是将强烈的情绪冲动引向积极并且有益的方向。我们常说的“化悲痛为力量”指的就是升华自己的悲痛情绪。著名心理学家弗洛伊德把升华看作最高水平的自我防御机制。他认为，只有健康和成熟的人才有可能实现升华。

我们要明白，情绪是可以认识和管理的，不管我们的情绪有多少种类型，也不管是积极的还是消极的，它都要通过面部表情、言语表情和肢体表情表达出来，进而影响我们的心理、生理及生活本身。在这个复杂的社会，高情商在我们的生活、工作以及人际交往中无比重要。而情商的高低，也可以体现在一个人控制情绪、承受压力的能力等方面。

如果你想提高情商，就得认真领会上面讲述的知识，从现在起，学会调节不良情绪，做自己情绪的主人。毕竟，没有人愿意和情绪不良的人交往，也只有将自己的情绪调节好了，才能用好的状态去迎接生活，做想做的事。

2. 大度宽容，用理解搭建桥梁

有人认为，宽容大度和小肚鸡肠是天生的性格，无法改变，事实并非如此。大度宽容，是因为会换位思考，更容易理解他人的处境和为难；小肚鸡肠，则是因为想事情只从自己的角度出发，眼睛里看不到其他人。因此，想要成为有包容心的人，首先要试着换位思考，发自内心地理解他人。

与人相处，宽容很重要。

生活中，每个人都会犯错，如果你因为别人一时的错误而耿耿于怀，不肯原谅对方，那么时间久了，别人就会觉得你是个斤斤计较、不大度的人。这势必会影响你的人际关系。

仔细观察那些情商高的人，他们都深深懂得包容别人这个道理，他们明白，给别人台阶下也是给自己合作的机会。所以别人与他们相处时，总觉得他们亲切友好。所以，想要提高情商，就必须得向他们学习，做一个会包容别人的人。

有一次，董明和几个哥们一起去一个朋友家看球。

一到房间，他们五个人就一边抽烟一边看起了球赛。球赛结束后，董明才惊讶地发现他们已经在不知不觉中抽了五盒烟。

朋友的妻子也在旁边陪着他们，她其实不喜欢丈夫抽烟的，但整个过程里，她一句话也没有说。只是在他们不注意的时候，打开窗子，让新鲜的空气吹进来。

董明意识到朋友的妻子反感丈夫抽烟的事实后，便问她为何不说出来。

朋友妻子听后微微一笑，说：“我也知道抽烟有害健康，但是，如果抽烟能让他快乐的话，我为什么要阻止他呢？我情愿我的丈夫快快乐乐地活到 60 岁，而不愿意他勉勉强强地活到 80 岁。毕竟，一个人的快乐不是任何时间或者金钱能够换来的。”

朋友听到妻子这么说，很满足地笑了。后来董明再去他家时，发现他已经戒烟了。朋友问他怎么想起要戒烟的，他笑着说：“妻子能为我的快乐着想，我也不能让自己提前 20 年离开她呀！”

故事中朋友的妻子就是一个情商高的人，她明白抽烟是有害健康的，可是她在丈夫和朋友抽烟的过程中没有出言阻止，反而展现出包容的一面，希望自己的丈夫过得开心就好。她的这一举动换来的是丈夫以心换心、心甘情愿地戒烟。

事实证明，能够为他人着想，很多时候能够避免无谓的纷争，更能收获意想不到的结果。

我们再来看一则发生在古代的故事。

清朝年间，山东济阳人董笃行在京城做官。有一天，他接到家人写来的书信，说家里盖房为地基一事与邻居发生争吵，希望他能出面解决此事。

董笃行看完信后轻松地笑了，随后他给家人回了一封信，信上只是写了一首诗：“千里捎书只为墙，不禁使我笑断肠。你仁我义结近邻，让出两墙又何妨。”

家人读了回信觉得董笃行说得很有道理，便主动在建房时让出几尺。邻居见董家如此大方，被打动了，也跟着让出几尺。结果房子盖成后，中间就有了一条胡同，被世人称为“仁义胡同”。

这个故事同样反映了宽容的重要性。修个地基，闹得邻居不愉快，而一方主动退让后，另一方也跟着退让，事情因此得到圆满的解决。

心理学中有个名词叫“自恋受损”，通俗的说法就是，有的人总爱在别人面前显摆，吹嘘自己的本领有多强，吹嘘自己有多厉害。这是因为他们在早期养育和成长过程中，自尊经常受挫，所以他们对抗外界寻求自尊保护的唯一武器就是，把自己说得光鲜无比、无所不能。

当你明白这点后，一旦在生活中遇到这类人，不妨就从心理学的角度出发，多体谅一下他们。这样一来，也就不会因为别人说的几句话而感到心里不舒服，从而与人发生摩擦。

事实上，生活中的许多矛盾本来并没有多大，就是因为你没有透过表面现象去分析它背后的原因，过于执着自己看到的和想到的，没有停下来多问几个为什么，才使小事发酵成大事。

那么，我们应该如何学会宽容别人呢？可以试着从以下几个方面来学习。

（1）保持平和的心态。

在与他人的相处中，不管发生什么事情，都要保持平和的心态，不急不躁。要学会冷静下来，用平和的心态去积极处理事情，这样才不会酿成大错，才能让你渐渐养成包容他人的心胸。

（2）学会笑对一切。

微笑能够让人忘掉烦恼，同时也是化解矛盾的武器。其实生活中的许多事情，都没有必要抓住不放。当你学着微笑地去面对一切时，会发现，原来很多事情都很简单，并没有你想象中的那么复杂。

（3）学会换位思考。

正如前文所说，很多时候，你与他人交往之所以会有矛盾，就是因为你总是站在自己的角度看问题，从而得出错误的结论，误解别人的心思。所以，当你站在对方的角度去思考问题时，就会发现烦恼根本微不足道。

俗话说“宰相肚里能撑船”，当你与别人交往时，如果能时时记住这点，多与人为善，用宽容给自己和别人搭建一个继续交流的平台，时间久了你自然会赢得更多人的青睐，也能变成一个受欢迎、被人喜欢的人。

无数的生活经验告诉我们，给别人一个改过的机会，也是给我们自己一个机会。我们越能宽容别人，就越能使自己心境平和。

3. 处事低调，事事留足情面

虽说“予人玫瑰，手留余香”，但是帮助人的方式也是有讲究的。好的方式会让人一直感念你的帮扶之情，而错误的方式不仅会让对方拒绝接受你的帮助，甚至误解你的一番好意。

生活中存在这样一种人，他们帮了别人的忙后喜欢四处张扬，唯恐天下不知。事实上，这样的人虽然帮助了别人也不见得会受人喜欢，因为他们这样做，会让得到帮助的人觉得自己很没面子，甚至会让人产生他们是在“施恩图报”的错觉。而那些情商高的人往往就明白其中的道理，所以，他们帮助别人从来都是低调行事，不会在背后到处炫耀和张扬。

有一个穷人，在一个大雪纷飞的夜晚去找村里的首富借钱。正好碰上首富心情好，他爽快地借给穷人两块大洋，还大方地对穷人说：“尽管拿去吧，如果不方便的话就不用还了！”

穷人从首富的手里接过钱，小心翼翼地用纸包好，便匆匆往家赶。首富站在后面对着穷人又喊了一遍：“这钱你不用还了！”

第二天清早，那位首富打开自己家院子的大门，发现自家院内的积雪已经被人清扫过，连屋瓦也扫得干干净净。

他感到非常奇怪，就让人在村里打听，才知道是穷人做的。首富此时才恍然大悟：白白给别人一份施舍，只能将人变成乞丐，而穷人是在用自己的行动证明，自己不会白要别人的施舍，会在力所能及的范围内偿还。最后，他和穷人立了一张借据，穷人因此流出感激的泪水。

穷人用帮首富扫雪的行动来维护自己的尊严，而首富也用会向他讨债这个行为成全了穷人的尊严。在穷人看来，虽然自己比较穷，但是无论如何不能平白无故地要人家的钱财。

我们身边经常会有这样的人，一旦帮了别人一些小忙，就觉得自己有恩于别人，之后就会有优越感，到处向别人炫耀。这样的想法和做法实际上很多时候会得不偿失，虽然你帮了别人的忙，但是别人不但不会感激你，反而会因为你这种高高在上的态度，使原本的好意消失殆尽。

帮助别人往往是出于同情心，而同情本身就带有一种强者俯瞰弱者、居高临下的姿态，因此，帮助别人并不是很简单的事，张扬地显示自己对别人的帮助，往往会伤害对方的自尊。

有些人自尊心很强，很看重自己的面子，当你想要帮助他们时，得注意给他们留面子，选择合适的方法，既要让他们感受到你的诚意，又要小心谨慎，低调行事，不让他们觉得你是在伤害他们的面子。

事实上，不管心胸多么宽广的人，一定不喜欢你提出过于直白的建议或批评，更别提当着众人甚至是下属的面了，因为这种行为直接伤害了他的面子。就算他接受了你的建议，挽回了一个大损失，不管他内心如何肯定你的能力，他都不想感激你，他喜欢的也只是你建议的内容，而不是你建议的方式。如果你帮助了他，事后又到处去宣传，那么你在他心里的分量将会大打折扣。生活中总有些人会竭尽全力来保全颜面，为了面子，他们甚至可以做出有违常理的事。

所以，即便是帮助别人，也要懂得照顾对方的颜面，尽量避免在公众场合使你帮助过的人难堪，你必须时刻提醒自己，不要做出任何有损他人颜面的事。这样一来，你不仅会避开一些不必要的麻烦，而且还会让别人更加喜欢与你交往，帮助你建立良好的人际关系，成就美好的人生。

4. 做聪明人，争气而不生气

普通人遇到问题就会发脾气，而聪明人遇到问题时会想办法解决而不会生气。聪明人知道，宣泄情绪不能解决问题，反而会惹得自己更加烦乱，平白让别人看笑话。胡乱生气，正如扬汤止沸；从根本上解决问题，才是釜底抽薪。

人们常说“人争一口气，佛争一炷香”。但许多人误解了这句话的意思，以为这句话是要告诉我们：事事都要自己领先，绝不能轻易向别人低头，而要让别人向自己认输。

这样的想法是大错特错的。当你把怒气随意发泄到别人身上，甚至为了争一时的高下而做出偏激行为时，事情不仅不会有转机，反而会引来更大的麻烦。

要知道争气绝不意味着意气用事，而是要力争上游，用自己的实际行动赢得别人的认可和尊重。

任何时候，发脾气都不可取，非但解决不了问题，还会让事情变得越来越糟。最明智的做法就是，暂且隐忍下来，化耻辱为动力，通过自己的努力超越对方，从而让对方折服。

著名作家夏衍从小就酷爱读书，尤其对历史最感兴趣，每次和朋友聚会，他都会滔滔不绝地表述自己的观点。由于夏衍涉猎广泛且勤于思考，他的很多观点都颇有深度，朋友们也觉得他说得很有道理。

有一次，夏衍像往常一样到图书馆查阅资料，偶然间听到几个人正在谈历史话题，碰巧又是他正在研究的内容，他的兴趣来了，忍不住走上前去插了几句嘴。在得到大家的认可后，他便开始大谈特谈起来。然而，当时的他并不知道，他遇到的几个人都是历史专家，他们只是出于礼貌才让他参与谈话的。

夏衍滔滔不绝地讲了半天，其中说到几个有争议的地方，立即惹得某个人发出质疑。

夏衍见到有人反驳自己，起初还想调动自己的史学知识与对方辩驳，结果被对方“一番唇枪舌剑”说得哑口无言。

这个时候，众人纷纷向他投来轻蔑的目光，有几个年轻人更是笑出声来，并且对他说了几句嘲笑的话。

夏衍听后本想反唇相讥，但是话到嘴边却忍住了，因为他知道遇到了比自己学问更高的人，再闹下去也只能是自取其辱。于是，他不但没有发作，还向众人道歉表达自己的唐突，然后匆匆离开。

回到家后，夏衍开始努力学习，多年后他学有所成，成了有名的历史学者，那些曾经嘲讽过他的人再次见到他的时候也都客客气气的，把他当成敬重的对象。

试想一下，如果夏衍当时和几个史学专家进行一番激烈的争论，以他的阅历和历史素养最终也不会有赢的可能，而那种挫败感很可能会令他对史学的兴趣大打折扣，也就不会有后来的学者夏衍了。

聪明的夏衍在关键时刻没有意气用事，更从别人的批评中认识到了自己的不足，认清了自己要努力的方向，他把更多的时间用来提升自己，而不是做无谓的争论，最后不但取得了辉煌的成就，也令对手折服，可以说，这才是他通过理智分析做出的正确选择。

这则故事告诉我们这样一个道理：当我们遇到一些不平的事情时，要学会把怒气转化为动力，然后用事实证明自己的能力，而不是一味地生气，把精力都浪费在对自己毫无帮助的小事上。

要知道，激烈的对峙并不会让我们从对方那里赢得尊重，只有在成绩上领先，才能让对方甘拜下风。

事实上，如果有人夸奖你，并没有什么值得高兴的，因为溢美之词不会带给你任何实质性的好处；同理，如果有人贬低你，也没有什么值得生气的，因为对方的冷嘲热讽也不会让你有任何实际的损失。

无论是夸奖还是贬低，对方能够带给你的影响，仅限于情绪层面。如果你能够把握好自己的情绪，那么无论别人对你做出怎样的评价，都不会影响你的情绪，也就不会影响你的行为。

换句话说，我们与其用愤怒改变对方的想法，不如用行动改变对方的想法，因为与前者相比，后者往往更加有效，同时也更加合理。要知道，生气往往是失败者的表现，他们在内心当中已经承认了自己的失败，却不允许别人挑明，否则就会情绪失控。

聪明的人很少生气，因为他们一直知道自己想要的是什么，同时也知道通过什么方法去获得成功。对于别人的非议，他们只会付之一笑。这也是情商高手遇到烦心的事情时不会生气，只会努力用实际行动改变自己的境遇，并让别人发自内心接纳他们的原因。

生活中，面对别人的嘲讽和打击，我们总是会习惯性地奋起反击，甚至不惜与其发生激烈的冲突，最后结果是，问题非但没有解决，反而引起更大的问题。

其实，当我们的尊严受到侵犯时，完全可以冷静下来进行反思。如果我们确实有对方所说的问题，生气或者发怒也只会让自己看起来更脆弱。聪明的方法应该是停止争吵，然后默默地努力，把问题慢慢地解决。

人生在世，很多时候我们都不得不面对恶劣的外部环境：冷漠的面孔、嘲弄的眼神、恶意的中伤、阴险的陷阱……无论它们对你的打击有多重，都不应该是你生气的理由。

生活是美好的，生气是拿别人的错误来惩罚自己。与其花时间来生气，还不如把时间花在读书、旅游、听音乐等美好的事情上。

要知道，生活的艺术更像是摔跤而不是跳舞，既要站得稳，还要时刻准备好应对突如其来的打击。作家张小娴也说过："与其因为别人看扁你而生气，倒不如努力争口气。争气永远比生气漂亮和聪明。"

为了让自己的生活更美好，充满色彩，从现在开始，学会遇事争气而不生气，做一个有修养、会思考、高情商的人吧！

5. 磨炼自控力，成就内心强大的自己

提高情商是项艰巨而长远的任务，不是一朝一夕就可以达成的。在这条路上，我们只有不断修炼，用心体会，才能达成所愿。或许有一天，当你蓦然回首时，会发现你与之前的自己已经完全不同。

金庸先生曾经借自己的著作《笑傲江湖》里男主人公令狐冲的口吻说过这样一句话："有些事情本身我们无法控制，只好控制自己。"

著名的黄梅戏戏曲家、安徽黄梅戏五朵金花之一的袁玫，其接受采访时被询问，面对这个花花世界，如何能做到不随波逐流，保持做人、做事、从艺的本色。她告诉众人，这是因为当她面对外界的诱惑时，懂得控制自己、坚持自我，守住了做人的底线。

在生活中，我们必须要学会控制自己：不轻易动摇，不轻易放弃。

社会高速发展，人们接触的信息越来越多，许多人由于不能控制自己，渐渐地迷失了自己，忘记了当初为何出发，以至于一生碌碌无为。

如果一个人随时都能控制自己，那么他无疑会是成功的。生活中，许多人内心脆弱，不能很好地控制自己，经常会受到他人情绪或行为的影响，从而患得患失，甚至一点小的磨难就让他们一蹶不振。

很多人并不了解，真正内心强大的人是不会依赖于外部世界的，这类人不会让别人影响自己的悲喜，也不会把内心的平静交托给烦杂的世事，更不会让爱与哀愁左右自己。他们懂得保持身心的和谐与放松，用积极的心态面对当下多变、复杂的生活。

面对着各种压力和诱惑，如果你没有一点勇气和毅力，如果你自控力不强，就会感到无所适从，给自己带来许多麻烦。

当然，要想坚守自我，也不是一件容易的事情。因为从本能来说，人是最经不起诱惑的，面对花花世界，每个人都会有动摇的时候。而现实中大量成功人士的事例告诉我们，但凡成功的人都能做出正确的选择，都能在各种诱惑面前坚定自己的信念。他们都能很好地控制住自己，所以才获得最后的成功。

一个人的控制力对他的一生成败起着至关重要的作用，人与人之间之所以会有成就的差别，很多时候就是自控力的结果。

比如有的人从小就没有学会控制自己，学习不努力，结果在人生的起跑线上就开始落后了；有的人工作不认真，得过且过，碌碌无为，最后一事无成；有的人辛辛苦苦了大半辈子，经不住金钱和美色的诱惑，最后走进了监狱，落得凄惨的结局。

控制住自己，从某方面来说，应该是“富贵不能淫，贫贱不能移，威武不能屈”，说得通俗一些，就是一个人在富贵时能使自己节制而不挥霍，在贫贱时不改变自己的意志，在强权下不改变自己的态度。这就要求我们在平时的生活中锤炼自己的内心，保持内心的强大。

但是，生活中的烦恼无处不在，如何才能控制住自己呢？我们可以采取以下的方法：

（1）明白自己真正喜欢什么。

用你的工作来举例，如果现在的工作正是自己喜欢的，哪怕目前的工资待遇并不能让你满意，也请你不要轻易放弃，坚持下去。因为只有做自己真正喜欢的事，才能让你付出百分之百的努力与热情，而这一切，都是成功的前提。

（2）对自己有清晰的认识。

明白自己擅长什么、不擅长什么，在心里对自己有规划，从而知道什么事能做、什么事不能做。

（3）坚定自己的内心。

不管走得有多远，都时刻提醒自己，当初为什么出发，既然目的还没达到，就不能在中途停止努力，不能被不相干的事情所困扰。

大千世界，每个人所走的路都不同，路要靠我们自己走，无论成功还是失败，都要我们勇敢去闯。

在这条通往成功的路上，注定荆棘密布，但只要你能控制自己，保持良好的心态，勇敢出发，就能所向披靡，获得最后的成功。在这过程中，你的情商高低就决定了你能走多远，获得多大的成就。

因此，如果你想有大的成就，就得随时告诫自己，修好自己的这颗心；不管外界环境如何变化，都控制好自己；做一个能识别他人情绪、能管好自己情绪的情商高手。这样，你才能被更多的人喜欢，拥有更美好的人生。